U0353115

一看就会人气菜

生活食尚编委会◎编

吉林科学技术出版社

Instructions 使用说明

A 国内顶级营养大师、烹饪大师，从上万道菜肴中精选出的美味菜品。

B 手机扫描菜品所属二维码，即可观赏到超详解视频。

D 全立体分解步骤图更直观地与您分享菜品制作过程之美。

E 每道菜都有准确的口味标注，让您第一时间寻找到自己所爱。

直观易懂的制作步骤，图文并茂地阐述菜品的详细制作过程。

-原 料——

拉皮300克/黄瓜100克/胡萝卜50克/香菜20克/熟芝麻少许/干辣椒、花椒各15克/蒜瓣10克/白糖2小匙/精盐1小匙/味精1/2小匙/芥末油少许/酱油、芝麻酱各3大匙/陈醋4小匙/植物油适量

-制 作——

① 拉皮切成小段，放入沸水锅中焯烫一下，捞出过凉，装入盘中Ⓐ。

② 黄瓜洗净，切丝；胡萝卜去皮，洗净，切丝；蒜瓣去皮，切成细末；香菜洗净，切成小段Ⓑ。

③ 锅中加油烧热，放入花椒炸香，再放入干辣椒略炸Ⓒ，出锅装碗成辣椒油。

④ 取小碗，加入精盐、酱油、陈醋、白糖、芥末油、蒜末、味精调成味汁Ⓓ。

⑤ 拉皮盘中放入黄瓜丝、胡萝卜丝、香菜段Ⓔ，浇上调好的味汁，再淋上辣椒油，撒上熟芝麻，上桌即可。

香辣味

TIPS：本套丛书部分视频刻录在随书附赠光盘中

1 打开智能手机（或者平板电脑）的微信扫一扫功能。

2 在良好的光线下，对准本书中菜品的二维码，进行识别扫描。

3 点击播放键，即可欣赏到高清全剧情版烹饪视频。

Author 生活食尚编委会

刘国栋：中国饮食文化国宝级大师，著名国际烹饪大师，商务部授予中华名厨（荣誉奖）称号，全国劳动模范，全国五一劳动奖章获得者，中国餐饮文化大师，世界烹饪大师，国家级餐饮业评委，中国烹饪协会理事。

张明亮：从事餐饮行业40多年，国家第一批特级厨师，中国烹饪大师，国家高级公共营养师，全国餐饮业国家级评委。原全聚德饭庄厨师长、行政总厨，在全国首次烹饪技术考核评定中被评为第一批特级厨师。

李铁钢：《天天饮食》《食全食美》《我家厨房》《厨类拔萃》等电视栏目主持人、嘉宾及烹饪顾问，国际烹饪名师，中国烹饪大师，高级烹饪技师，法国厨皇蓝带勋章，法国美食协会美食博士勋章，远东区最高荣誉主席，世界御厨协会御厨骑士勋章。

张奔腾：中国烹饪大师，饭店与餐饮业国家一级评委，中国管理科学研究院特约高级研究员，辽宁饭店协会副会长，国家高级营养师，中国餐饮文化大师，曾参与和主编饮食类图书近200部，被誉为“中华儒厨”。

韩密和：中国餐饮国家级评委，中国烹饪大师，亚洲蓝带餐饮管理专家，远东大中华区荣誉主席，被授予法国蓝带最高骑士荣誉勋章，现任吉林省饭店餐饮烹饪协会副会长，吉林省厨师厨艺联谊专业委员会会长。

高玉才：享受国务院特殊津贴，国家高级烹调技师，国家公共营养技师，中国烹饪大师，餐饮业国家级考评员，国家职业技能裁判员，吉林省名厨专业委员会会长，吉林省药膳专业委员会会长。

马长海：国务院国资委商业技能认证专家，国家职业技能竞赛裁判员，中国烹饪大师，餐饮业国家级评委，国际酒店烹饪艺术协会秘书长，国家高级营养师，全国职业教育杰出人物。

夏金龙：中国烹饪大师，中国餐饮文化名师，国家高级烹饪技师，中国十大最有发展潜力的青年厨师，全国餐饮业国家级评委，法国国际美食会大中华区荣誉主席。

齐向阳：国家职业技能鉴定高级考评员，中国烹饪名师，高级技师，北方少壮派名厨，首届世界华人美食节烹饪大赛双金得主，北方厨艺协会秘书长，辽宁省餐饮烹饪行业协会副秘书长。

本书摄影：王大龙　杨跃祥

封面题字：徐邦家

吃是一种本能，也是一种修为。

本能表现在摄取的营养物质维持正常的生理指标，使生命正常运转；修为是指在维系生命运转的前提下，吃的是否健康、是否合理、是否养生，是否能通过吃使人体机能、精神面貌、修养理念等达到另一个高度，谓之为爱吃、会吃、讲吃、辩吃的真正美食家。

讲究营养和健康是现今的饮食潮流，享受佳肴美食是人们的减压方式。虽然在繁忙的生活中，工作占据了太多时间，但在紧张工作之余，我们也不妨暂且抛下俗务，走进厨房小天地，用适当的食材、简易的调料、快捷的技法等，烹调出一道道简易、美味、健康并且快捷的家常菜肴，与家人、朋友一齐来分享烹调的乐趣，让生活变得更富姿彩。

家常菜来自民间广大的人民群众中，有着深厚的底蕴，也深受大众的喜爱。家常菜的范围很广，即使是著名的八大菜系、宫廷珍馐，其根本元素还是家常菜，只不过氛围不同而已。我们通过一看就会系列图书介绍给您的家常菜，是集八方美食精选，去繁化简、去糟求精。我们也想通过努力，使您的餐桌上增添一道亮丽的风景线，为您的健康尽一点绵薄之力。

一看就会系列图书图文并茂，讲解翔实，书中的美味菜式不仅配有精美的成品彩图，还针对制作中的关键步骤，加以分解图片说明，让读者能更直观地理解掌握。另外，我们还对其中的重点菜肴配以二维码，您可以用手机或平板电脑扫描二维码，在线观看整个菜品制作过程的视频，真正做到图书和视频的完美融合。

衷心祝愿一看就会系列图书能够成为您家庭生活的好帮手，让您在掌握制作各种家庭健康美味菜肴的同时，还能够轻轻松松地享受烹饪带来的乐趣。

生活食尚编委会

Contents 目录

Part 1 最具人气开胃小菜

Part 2
最具人气下酒辅菜

Part 3
最具人气宴客大菜

Part 4

最具人气浓情靓汤

Part 5
最具人气主食小吃

索引一

索引二

Part 1
最具人气开胃小菜

秘制拉皮

TIME / 25分钟

-原 料

拉皮300克／黄瓜100克／胡萝卜50克／香菜20克／熟芝麻少许／干辣椒、花椒各15克／蒜瓣10克／白糖2小匙／精盐1小匙／味精1/2小匙／芥末油少许／酱油、芝麻酱各3大匙／陈醋4小匙／植物油适量

-制 作

1. 拉皮切成小段，放入沸水锅中焯烫一下，捞出过凉，装入盘中A。
2. 黄瓜洗净，切成细丝；胡萝卜去皮，洗净，切成细丝；蒜瓣去皮，切成细末；香菜择洗干净，切成小段B。
3. 锅中加油烧热，放入花椒炸香，再放入干辣椒略炸C，出锅装碗成辣椒油。
4. 取小碗，加入精盐、酱油、陈醋、白糖、芥末油、蒜末、味精调成味汁D。
5. 拉皮盘中放入黄瓜丝、胡萝卜丝、香菜段E，浇上调好的味汁，再淋上辣椒油，撒上熟芝麻，上桌即可。

椿芽蚕豆

-原 料——

鲜蚕豆仁200克 / 香椿芽30克 / 精盐1小匙 / 味精少许 / 辣椒油、鸡汤各1大匙

-制 作——

1. 鲜蚕豆仁用清水洗净，放入沸水锅中煮至熟嫩，捞出、沥水，摊开晾凉Ⓐ。
2. 香椿芽去掉根，洗净，放入沸水锅中略烫一下，捞出过凉，沥去水分，切成碎粒Ⓑ。
3. 将精盐、味精、辣椒油、鸡汤放入容器中调拌均匀成味汁，再放入蚕豆仁、香椿芽末拌匀Ⓒ，装盘上桌即成。

-原 料——

鸭茼蒿250克/腊肉100克/葱段、姜片各10克/蒜蓉5克/精盐1小匙/料酒1大匙/味精、香油各少许

-制 作——

1. 将腊肉用温水漂洗干净，放在大碗内，加上葱段、姜片、料酒，上屉旺火蒸10分钟，取出腊肉、晾凉，切成大薄片A。

2. 茼蒿去根和老叶，用清水洗净，放入沸水锅内焯烫一下，捞出、过凉，切成小段B。

3. 腊肉片、茼蒿段放容器内，加上蒜蓉、精盐、味精和香油调拌均匀，装盘上桌即成。

-原 料——

荷兰豆荚350克 / 花椒15粒 / 精盐1小匙 / 味精、白糖各少许 / 香油2小匙

-制 作——

1. 荷兰豆荚择去两头尖角，用清水浸泡并洗净，捞出，放入沸水锅中，加入少许精盐焯烫至熟Ⓐ，捞出、冲凉，沥干水分，装入碗中。

2. 坐锅点火，加入香油烧至五成热，下入花椒粒小火炸出香味，捞出花椒不用。

3. 将热花椒油浇在荷兰豆上，加入精盐、味精、白糖拌匀Ⓑ，装盘上桌即成。

-原 料——

西芹350克 / 百合100克 / 精盐2小匙 / 味精1小匙 / 白糖1/2小匙 / 香油1大匙

-制 作——

1. 西芹择去根、叶，洗净，切成小段A；百合去根，逐片掰开，洗净，放入清水锅内，加入少许精盐焯烫一下，捞入冷水中浸泡。

2. 西芹段下入焯百合的沸水锅中，旺火焯2分钟至熟B，捞出西芹段，放入冷水中浸凉、捞出沥水。

3. 将百合片、西芹段一同放入容器内，加入精盐、味精、白糖调拌均匀，淋入烧热的香油拌匀，装盘上桌即可。

-原 料——

莲藕400克/紫甘蓝350克/柠檬/白醋4小匙/蜂蜜2小匙

-制 作——

1. 将紫甘蓝去根和老叶，洗净，切成小块Ⓐ，放入粉碎机中，加入少许清水打碎，过滤后取紫甘蓝汁Ⓑ。
2. 将紫甘蓝汁倒入大碗中Ⓒ，加入白醋、蜂蜜搅拌均匀成味汁；柠檬洗净，切成片。
3. 莲藕去掉藕节，削去外皮，用清水洗净，切成薄片，放入沸水锅中焯烫至熟Ⓓ，捞出过凉、沥水。
4. 莲藕片放入调好的味汁中浸泡Ⓔ，放入柠檬片，入冰箱中冷藏2小时，装盘上桌即可。

浪漫藕片

口味：香甜味

-原 料

茄子400克/猪瘦肉、水发香菇、青椒各30克/葱末、姜末、蒜末各5克/精盐、花椒油各2小匙/味精、酱油各1小匙/白糖、料酒、淀粉各少许/清汤适量/植物油4小匙

-制 作

1. 茄子洗净，放入蒸锅内蒸熟Ⓐ，取出晾凉，搅拌成茄泥；猪瘦肉、香菇、青椒分别洗净，切成小丁Ⓑ。

2. 净锅置火上，加入植物油烧热，下入葱末、姜末、蒜末炒香，放入猪肉丁炒至变色，然后下入香菇丁，加入料酒、酱油及清汤烧至熟烂。

3. 放入青椒丁，加入精盐、味精、白糖调味，用水淀粉勾芡，淋入花椒油，浇在茄泥上拌匀即成。

生拌茄子

TIME / 60分钟　口味：香辣味

-原 料——

茄子250克／青椒100克／小红椒40克／蒜泥25克／姜末10克／精盐1小匙／米醋、白糖、味精、香油各1/2小匙／泡菜水200克

-制 作——

1. 茄子去蒂、去皮，洗净，切成小条Ⓐ，加入少许精盐拌匀，腌渍10分钟；青椒去蒂，切成小条；小红椒洗净，切成粒Ⓑ，放入泡菜水中浸泡30分钟，捞出。
2. 将茄子条冲水，挤去水分，放入大盘中，用青椒条、小红椒粒盖面。
3. 碗内加入精盐、味精、蒜泥、姜末、米醋、白糖、香油及适量泡菜水拌匀成味汁，淋在茄条上即成。

-原 料

青笋250克/胡萝卜丝150克/水发木耳丝80克/熟芝麻30克/剁椒30克/青花椒、蒜泥各5克/精盐、鸡精各1/2小匙/白糖1小匙/香油4小匙

-制 作

1. 青笋去皮,洗净,切成细丝Ⓐ,用精盐拌匀,腌渍10分钟,放入沸水锅内焯烫一下Ⓑ,捞出沥水。
2. 胡萝卜丝、水发木耳丝放入沸水锅中焯烫一下,捞出、过凉,放入大碗内,加入蒜泥、剁椒、白糖、鸡精拌匀Ⓒ。
3. 锅中加入香油烧热,下入青花椒炸香,浇淋在三丝上,再撒入熟芝麻拌匀即可。

-原 料——

菠菜250克／干豆腐125克／红干椒、葱白丝各15克／花椒15粒／精盐、白糖、香醋各2小匙／植物油1大匙

-制 作——

1. 菠菜择洗干净，下入沸水锅中，加入少许精盐焯烫2分钟Ⓐ，捞出沥水，切成小段。
2. 干豆腐切成长条Ⓑ，加上菠菜段、葱白丝、香醋、精盐和白糖拌匀；红干椒洗净，斜切成小段。
3. 锅中加入植物油烧热，下入花椒，用小火炸出椒香味，捞出花椒不用，离火后放入红干椒段煸炒至酥脆，出锅浇在菠菜、干豆腐上即成。

五彩桔梗

TIME / 25分钟

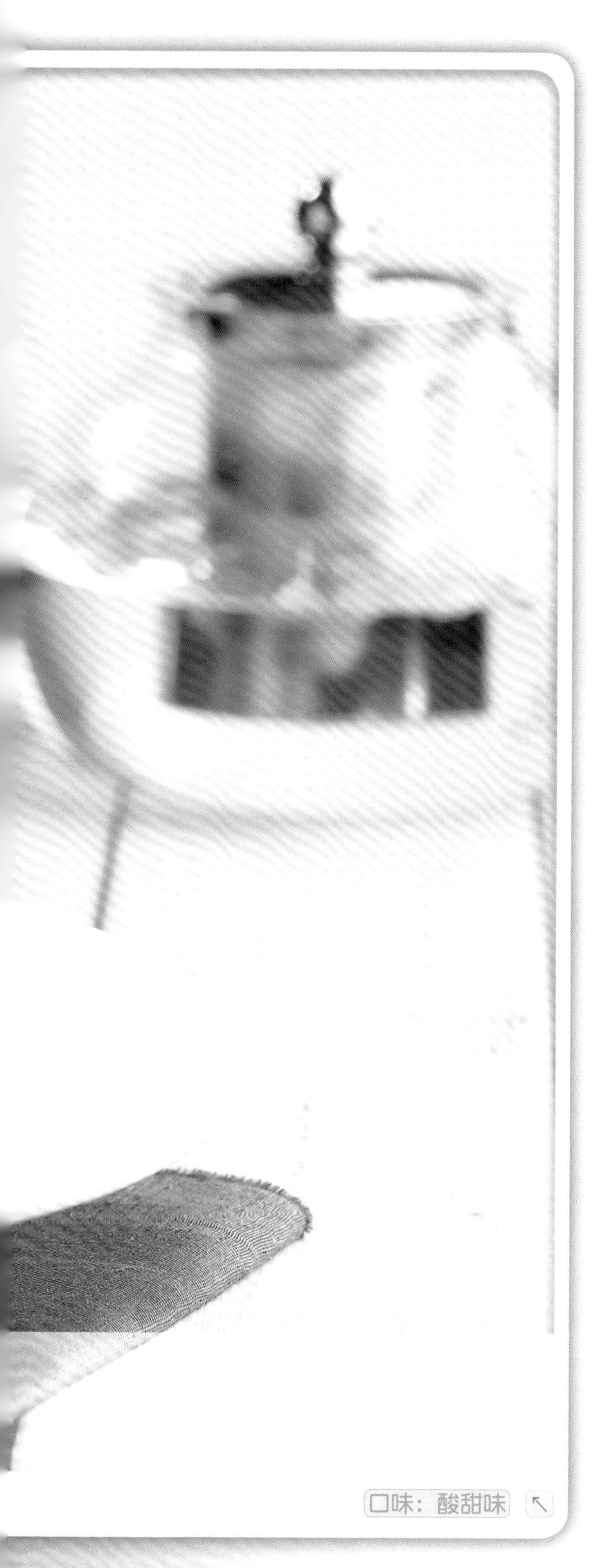

-原 料——

桔梗150克/洋葱70克/青椒、红椒、黄椒各50克/熟黑芝麻15克/大葱25克/精盐2小匙/味精1/2小匙/香油2小匙/植物油1大匙

-制 作——

1. 桔梗用温水浸泡至软，换清水洗净，沥净水分，切成细丝；洋葱剥去外皮A，洗净，切成细丝B。
2. 青椒、红椒、黄椒去蒂、去籽C，洗净，切成丝D，加上少许精盐拌匀，腌渍5分钟，攥净水分。
3. 大葱去根和老叶，取葱白，切成细丝，放入烧至六成热的植物油锅内炒出香味，出锅、晾凉成葱油。
4. 桔梗丝、洋葱丝、青椒丝、红椒丝、黄椒丝放容器内。
5. 加上精盐、味精、香油拌匀，码放在盘内，撒上黑芝麻，淋上葱油即成。

-原 料

苦瓜500克/花椒粒15克/姜末15克/香醋、精盐各1小匙/白糖2小匙/香油1大匙

-制 作

1. 把姜末放入小碗中，加入香醋拌匀，腌渍10分钟；花椒粒洗净，沥水。
2. 苦瓜横切圆片Ⓐ，再挖净苦瓜瓤Ⓑ，放大碗中，加上精盐拌匀，腌渍10分钟，取出，沥水，放入盘中，撒上白糖，倒入腌渍好的姜醋汁拌匀。
3. 锅内放入香油烧至微热，下入花椒粒，用小火炸至花椒粒变成黑色，锅里溢出浓郁的椒香味，出锅，浇在盘内苦瓜片上即成。

-原 料——

黄瓜200克/胡萝卜1根/白梨1个/熟芝麻少许/蒜蓉5克/精盐1/2大匙/朝鲜甜辣酱、香油各3小匙

-制 作——

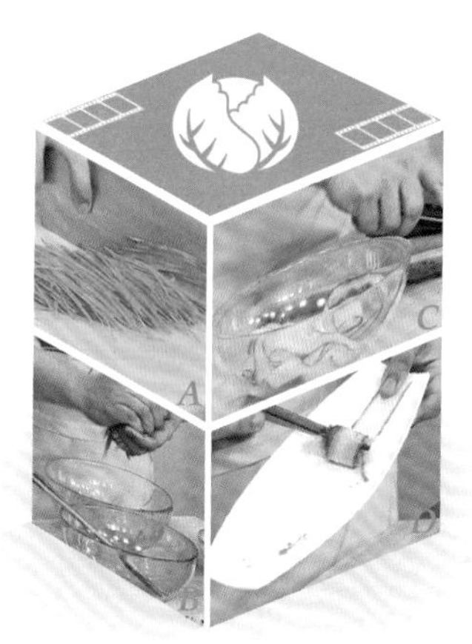

1. 胡萝卜去根、洗净，切成细丝A，加入精盐腌制片刻，攥干水分B；取小碗，加入甜辣酱、香油、少许精盐调匀，再放入蒜蓉、熟芝麻拌匀。
2. 白梨洗净，削去外皮，切成细丝；黄瓜洗净，用刮皮刀刮成长条片C。
3. 黄瓜片铺平，放上少许胡萝卜丝、白梨丝卷成卷D，逐个卷好，码入盘中，即可上桌食用。

朝鲜辣酱黄瓜卷

TIME / 15分钟

口味：辣香味

辣炝西蓝花

-原 料

西蓝花450克 / 红干辣椒末5克 / 精盐1/2大匙 / 味精、白糖、植物油各1小匙 / 香油1/2小匙

-制 作

1. 西蓝花掰成小块，洗净，放入淡盐水中浸泡Ⓐ，捞出沥水；锅中加入香油烧热，倒入盛有红干辣椒末的小碗中炸香，加入精盐、味精、白糖调匀。

2. 锅中加入清水、植物油烧沸，下入西蓝花块焯约2分钟Ⓑ，捞出沥水。

3. 把西蓝花放入冷水中浸泡2分钟至凉透，捞出沥水，放入大碗中，浇入辣椒油味汁拌匀即可。

海米拌木耳

TIME / 25分钟　口味：鲜麻味

-原 料——

水发木耳300克/海米25克/姜末、蒜末各5克/花椒10粒/精盐1/2小匙/味精、白糖、蚝油各1小匙/香油1大匙

-制 作——

1. 水发木耳去根、洗净，切成细丝Ⓐ；海米洗净，用温水涨发；锅中加入适量清水，放入木耳丝烧沸，焯煮3分钟至熟透，捞出过凉Ⓑ，用冷水浸泡。

2. 木耳丝放入容器中，加入海米、蚝油、精盐、味精、白糖拌匀，装入盘中，撒上姜末、蒜末Ⓒ。

3. 锅中加入香油烧热，放入花椒粒炸出香味，捞出花椒，将热花椒油浇入盘中即可。

-原 料

苦瓜250克/干红辣椒15克/柠檬皮10克/熟芝麻5克/葱丝、姜丝各15克/精盐1小匙/味精少许/白糖2小匙/白醋1大匙/香油2大匙/植物油适量

-制 作

1. 苦瓜去蒂、去瓤，洗净，切成小条A，放入碗中，加入少许精盐拌匀，腌20分钟B，取出，沥去水分，切成细丝。
2. 柠檬皮洗净，切成细丝C；干红辣椒去蒂、洗净，剪成细丝。
3. 锅中加入少许植物油、香油烧热，放入干红辣椒丝、葱丝、姜丝、柠檬皮丝炒出香味D，盛入碗中。
4. 苦瓜丝挤干水分E，放入大碗中，加入熟芝麻、白糖、味精、白醋拌匀。
5. 倒入炸好的葱丝、姜丝、干红辣椒丝、柠檬丝拌匀，装盘上桌即可。

珊瑚苦瓜

口味：酸辣味 ↖

-原 料

香葱100克/木耳50克/红辣椒20克/姜丝10克/精盐1/2小匙/味精、鸡精各1小匙/香油、辣椒油各1大匙

-制 作

1. 木耳放入清水中浸泡，使其充分涨发，去除根部，洗净沥干，撕成小朵A。
2. 香葱去根、洗净，切成3厘米长的段B；红辣椒洗净，去蒂及籽，切成细丝。
3. 水发木耳、香葱段放入容器中，加入精盐、味精、鸡精拌匀，再装入盘中，撒上姜丝、红辣椒丝，淋上烧热的香油和辣椒油，食用时拌匀即成。

心花拌红苋

-原 料——

苋菜250克/猪心150克/姜末10克/花椒油、香油各1小匙/精盐、白糖、米醋、酱油各1/2小匙/味精2小匙

-制 作——

1. 苋菜洗净，放入沸水锅内焯烫一下，捞出、过凉，沥净水分，切成小段A；猪心剖成两半，洗净，剞上十字花刀B，放入沸水锅内煮至熟，捞出沥水。

2. 姜末放入碗中，加入米醋、酱油、味精、白糖、精盐、花椒油、香油，调匀成味汁。

3. 把苋菜段、猪心花放入盘中，加入味汁调拌均匀，装盘上桌即成。

-原 料——

紫茄子250克/土豆200克/香菜20克/大葱50克/大豆酱2大匙

-制 作——

1. 紫茄子去蒂，洗净，切成大片Ⓐ；土豆去皮，切成1厘米见方的丁；大葱去皮及根，洗净，切成3厘米长的丝；香菜择洗干净，切成2厘米长的小段。

2. 把紫茄子片呈放射状围摆在盘子的外侧，土豆丁堆放在盘子中间Ⓑ，放入蒸锅内，盖上锅盖，用旺火煮沸，蒸约8分钟。

3. 出锅取出茄子、土豆，撒上葱丝、香菜段，浇上大豆酱调拌均匀Ⓒ，即可上桌食用。

-原 料——

猪腰250克／绿豆芽50克／精盐、味精、花椒粉、白糖各少许／酱油、白醋、花椒油、香油各1小匙／辣椒油4小匙

-制 作——

1. 猪腰撕去筋膜，对剖成两半，片去腰臊，加入白醋浸泡片刻，用清水洗净，切成粗丝A。

2. 猪腰丝放入沸水锅中焯至断生，捞出沥水；绿豆芽掐去头尾B，洗净，放入沸水锅中焯熟，捞出漂凉、沥水，放入盘中垫底，再放上猪腰丝。

3. 碗中加入精盐、味精、白糖、酱油、花椒油、花椒粉、辣椒油、香油拌匀成味汁，浇淋在猪腰丝上即成。

新派蒜泥白肉

TIME / 60分钟

-原 料-

猪五花肉1块（约750克）/黄瓜150克/芹菜、红尖椒、芝麻各少许/大蒜50克/精盐少许/白糖、花椒粉、香油各2小匙/酱油1大匙/辣椒油2大匙

-制 作-

1. 芹菜择洗干净，切成细末；红尖椒去蒂、去籽，洗净，切成末。
2. 大蒜去皮，剁成蒜蓉Ⓐ，加入芹菜末、尖椒末、辣椒油、香油、芝麻、精盐、酱油、花椒粉和白糖调匀成味汁Ⓑ。
3. 黄瓜洗净，放在案板上，用平刀法片成大薄片Ⓒ。
4. 猪五花肉洗净血污，放入清水锅中烧沸，转小火煮至熟嫩，捞出晾凉，切成长条薄片Ⓓ。
5. 把切好的白肉片放在黄瓜片上，用筷子卷好成筒形Ⓔ，码放入盘中，浇淋上调拌好的蒜泥味汁，上桌即可。

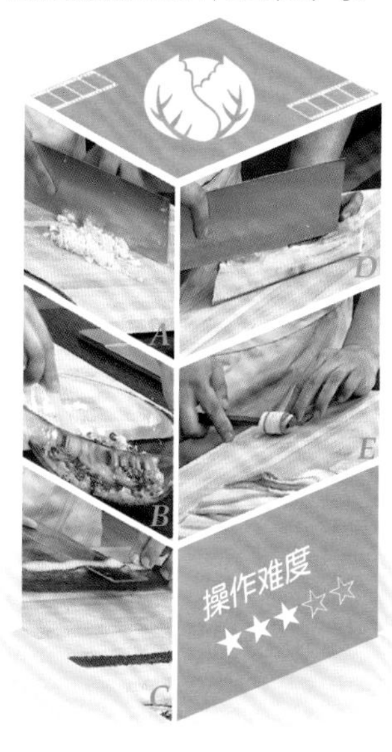

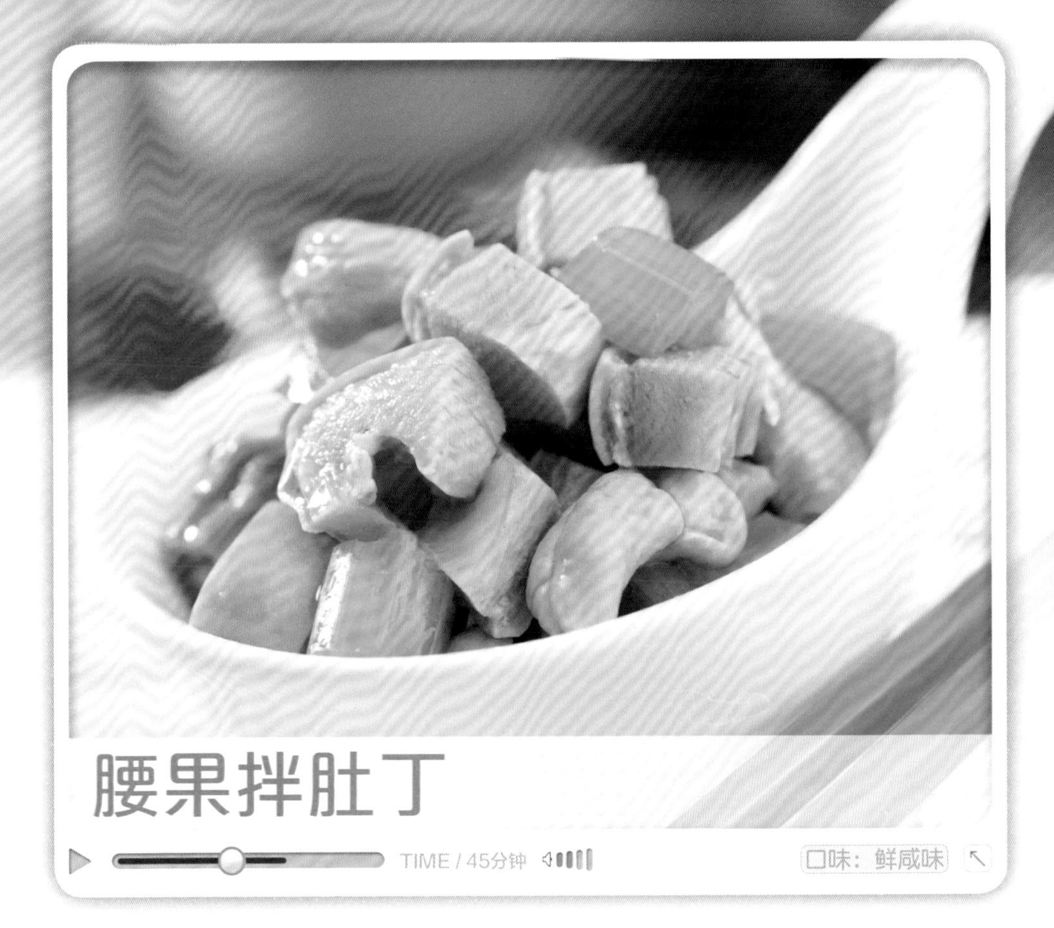

腰果拌肚丁

TIME / 45分钟

口味：鲜咸味

-原 料——

熟猪肚250克 / 腰果75克 / 芹菜50克 / 葱花25克 / 花椒5粒 / 精盐1大匙 / 味精、米醋、白糖各1小匙 / 辣椒油2大匙 / 香油1/2小匙

-制 作——

1. 腰果用温水浸泡，再捞入清水锅中，加入精盐、花椒烧沸，转小火煮约30分钟，捞出沥干。
2. 芹菜择洗干净，放入沸水锅焯烫3分钟，捞出过凉，切成小段Ⓐ；熟猪肚切成1厘米见方的丁。
3. 将熟猪肚丁、腰果、芹菜段放入大碗中Ⓑ，加入葱花、精盐、味精、米醋、白糖、辣椒油、香油拌匀，装盘上桌即可。

-原 料——

猪腰子1个/生菜50克/青椒30克/香菜20克/熟芝麻10克/姜末、蒜末各10克/味精少许/番茄沙司4大匙/蜂蜜、酱油、陈醋、香油各1大匙/植物油适量

-制 作——

1. 生菜洗净，切成细丝A；香菜洗净，切成细末；青椒去蒂及籽，洗净，切成小粒。

2. 碗内加入番茄沙司、蜂蜜、陈醋、酱油、香油、味精、熟芝麻、蒜末、香菜、姜末、青椒粒拌匀成酱料B。

3. 猪腰洗净，去除腰臊，剞上花刀C，放入沸水锅中煮熟，捞出、过凉，切成小片，码入盘中，倒上调好的酱料拌匀，即可上桌食用。

-原 料

花生米200克／黄瓜50克／胡萝卜35克／花椒15粒／葱末、姜末各10克／精盐、味精、白糖各1小匙

-制 作

1. 花生米洗净，放入碗中，加入温水浸泡至涨发Ⓐ；黄瓜、胡萝卜分别洗净，均切成小丁Ⓑ。
2. 锅中加入清水、精盐，放入花生米烧沸，转小火煮约30分钟至熟烂，捞出沥水；再放入胡萝卜丁焯2分钟，然后放入黄瓜丁烧沸，捞出沥水。
3. 花生米、胡萝卜丁、黄瓜丁放入大碗中Ⓒ，加入葱末、姜末、精盐、味精、白糖拌匀即可。

烤鸭丝拌韭菜

TIME / 25分钟　口味：鲜咸味

原料

韭菜200克 / 烤鸭肉100克 / 绿豆芽、胡萝卜各50克 / 精盐1/2大匙 / 味精、白糖各1小匙 / 酱油、香油各1/2小匙

制作

1. 韭菜洗净，切成段；绿豆芽掐去两头，洗净；胡萝卜去皮，切成丝；烤鸭肉用刀拍松，用手撕成丝A。
2. 锅中加入清水、精盐烧沸，分别放入韭菜段、绿豆芽、胡萝卜丝焯透，捞出晾凉B，沥干水分。
3. 将韭菜段、烤鸭丝、胡萝卜丝、绿豆芽放在容器内，加上酱油、精盐、味精、白糖和香油调匀成味汁，装盘上桌即成。

-原 料-

鸡腿2个/西芹75克/碎花生米25克/芝麻15克/大葱、姜块、蒜瓣各少许/精盐、花椒粉各1小匙/白糖、味精各适量/米醋2小匙/酱油、芝麻酱、豆瓣酱各1大匙

-制 作-

1. 鸡腿去骨，在鸡腿内侧剁上几刀Ⓐ，放入清水锅内，加入少许精盐，中火煮至熟嫩Ⓑ，捞出鸡腿肉、晾凉。
2. 将西芹去根和叶，洗净，沥净水分，切成小片Ⓒ，垫在盘子的底部。
3. 大葱、姜块切成末；蒜瓣去皮，剁碎，全部放在碗内，加入芝麻酱和花椒粉拌匀。
4. 加入酱油、白糖、豆瓣酱、芝麻、味精调匀成口水鸡味汁Ⓓ。
5. 熟鸡腿肉切成片Ⓔ，码放在盛有西芹的盘内，浇上调好的味汁，再撒上碎花生米，上桌即可。

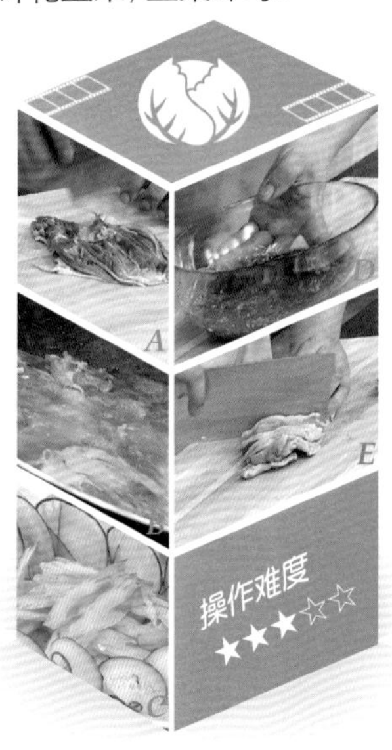

口水鸡

口味：香辣味

-原 料

水发腐竹200克/菠菜150克/红甜椒丝、水发木耳丝各30克/蒜末10克/精盐、味精、白糖各1/2小匙/花椒油、辣椒油各1小匙

-制 作

1. 水发腐竹攥净水分，切成小段Ⓐ；菠菜去根和老叶，洗净，切成段Ⓑ。
2. 锅中加入清水烧沸，下入腐竹段、木耳丝、红甜椒丝、菠菜段焯烫至熟，捞出、过凉、沥水。
3. 水发腐竹段、水发木耳丝、红椒丝、菠菜段放入大碗中，加入花椒油、辣椒油拌匀Ⓒ，再加入精盐、味精、白糖拌匀入味，最后加入蒜末即可。

-原 料——

水发海蜇皮150克／毛豆仁100克／青椒丝、红椒丝各30克／香菜段20克／精盐、味精各1/2小匙／米醋1小匙／香油2小匙

-制 作——

1. 水发海蜇皮用温水浸泡，洗去泥沙和盐分，切成小块Ⓐ，用沸水焯烫一下，捞出、过凉。
2. 毛豆仁洗净，放入沸水锅中，加入少许植物油焯烫至熟，捞出、浸凉。
3. 将海蜇皮、毛豆仁、青椒丝、红椒丝、香菜段放入小盆中，加入精盐、味精、米醋、香油调拌均匀Ⓑ，装盘上桌即可。

-原 料——

白菜200克/水发海蜇皮100克/香菜段20克/干辣椒段15克/花椒10克/精盐、蜂蜜各1小匙/味精少许/酱油1大匙/陈醋2大匙/香油2小匙/植物油适量

-制 作——

1. 水发海蜇皮切成细丝Ⓐ，放入清水锅内焯烫一下，捞出、浸凉、沥水Ⓑ；白菜去老叶，洗净，切成细丝Ⓒ。
2. 锅中加入植物油烧热，下入干辣椒段、花椒炸出香味，出锅晾凉成麻辣油Ⓓ。
3. 碗中加入精盐、陈醋、酱油、味精、香油、蜂蜜调拌均匀成味汁；海蜇皮丝、白菜丝放入盘中，倒入味汁拌匀，淋入麻辣油，撒上香菜段即成。

海蜇皮拌白菜心

-原 料——

鹅蛋3个/葱白100克/香菜15克/大豆酱3大匙

-制 作——

1. 鹅蛋放入锅中，加入适量清水，盖上锅盖，用旺火烧沸，改用中火煮约15分钟至熟透，取出鹅蛋，放入清水中浸泡5分钟，捞出。

2. 熟鹅蛋剥去外壳，从中间对剖成两半Ⓐ，再将每半对剖成两块，逐块从中间横切成两小块Ⓑ；葱白择洗干净，切成细丝；香菜择洗干净，切成小段。

3. 将鹅蛋块放入盘中，撒上葱丝、香菜段，浇淋上大豆酱，即可上桌。

鲜蘑拌菜心

-原 料——

油菜心250克 / 鲜蘑100克 / 胡萝卜50克 / 蒜末10克 / 精盐2小匙 / 味精适量 / 花椒油、香油各1大匙

-制 作——

1. 油菜心切去根，洗净，切成小段；鲜蘑洗净，切成小片Ⓐ；胡萝卜洗净，削去外皮，横切成半圆形片。

2. 锅中加入适量清水、精盐烧沸，下入鲜圆蘑片、胡萝卜片，用小火焯约1分钟Ⓑ，再下入油菜心段，用手勺翻搅，焯约2分钟，捞出、沥水。

3. 油菜心、鲜蘑片、胡萝卜片放入容器内，加入味精、精盐、花椒油、香油、蒜末拌匀，装盘即成。

Part 2
最具人气下酒辅菜

酱香蓑衣茄子

TIME / 25分钟

-原 料—

长茄子2个 / 猪肉末75克 / 青豆25克 / 葱末、姜末、蒜末各10克 / 精盐、水淀粉、香油、胡椒粉、白糖、甜面酱、料酒、植物油、花椒油各适量

-制 作—

1. 长茄子去蒂，洗净，放在案板上，表面剞上蓑衣花刀Ⓐ，放在小盆内，加入清水和精盐拌匀Ⓑ，浸泡片刻。
2. 电饼铛预热，放入茄子、植物油，盖上盖焖熟Ⓒ，取出装盘。
3. 锅中加油烧热，放入葱末、姜末炒香，下入猪肉末、甜面酱略炒Ⓓ。
4. 加入精盐、料酒、白糖、胡椒粉及少许清水烧沸，用水淀粉勾芡。
5. 放上青豆炒匀成酱汁Ⓔ，出锅浇在茄子上，撒上蒜末、胡椒粉，淋入香油及烧热的花椒油，即可上桌食用。

-原 料

豌豆粒200克／胡萝卜、荸荠、黄瓜、土豆、水发木耳、豆腐干各50克／葱末、姜末、精盐、味精、白糖、料酒、水淀粉、清汤、植物油各适量

-制 作

1. 水发木耳撕成小块A；胡萝卜、荸荠、黄瓜、土豆、豆腐干分别洗涤整理干净，均切成小丁B。

2. 净锅置火上，加入植物油烧至六成热，下入葱末、姜末炒香，放入豌豆粒、胡萝卜、荸荠、黄瓜、土豆、木耳、豆腐干翻炒均匀。

3. 烹入料酒，加上精盐、味精、料酒、白糖、清汤烧至入味，用水淀粉勾芡，即可出锅装盘。

-原 料——

大白菜心400克/干红辣椒8克/葱花、姜末各5克/精盐少许/白糖、料酒各3小匙/酱油1/2小匙/米醋2大匙/水淀粉1大匙/植物油适量

-制 作——

1. 大白菜心洗净，切成坡刀片Ⓐ，放入烧热的油锅内煸炒几分钟，取出；碗中加入米醋、酱油、料酒、精盐、白糖、少许清水调匀成味汁Ⓑ。

2. 净锅置火上，加入少许植物油烧热，先下入干红辣椒、葱花、姜末炒香。

3. 烹入调好的味汁，用水淀粉勾芡，然后放入白菜片翻熘均匀Ⓒ，出锅装盘即可。

-原 料

水发蹄筋250克 / 菜胆100克 / 水发冬菇50克 / 葱末少许 / 精盐、料酒各1小匙 / 味精1/2小匙 / 酱油、水淀粉、花椒油各2小匙 / 植物油1大匙 / 清汤125克

-制 作

1. 水发蹄筋洗净，切成大片，放入沸水锅内焯烫一下Ⓐ，捞出沥水；菜胆洗净，切成两半Ⓑ，放入沸水锅中，加入少许精盐焯水，捞出装盘。
2. 锅中加入植物油烧热，下入葱末炝锅出香味，加入酱油、料酒、清汤、精盐和味精煮沸。
3. 放入水发蹄筋、冬菇，小火烧几分钟至入味，水淀粉勾芡，淋入花椒油，出锅盛在菜胆上即可。

烧酿茄子

-原 料——

茄子500克／猪肉馅300克／精盐、白糖、酱油各1小匙／味精少许／料酒1大匙／淀粉4小匙／水淀粉5小匙／鲜汤250克／植物油300克（约耗35克）

-制 作——

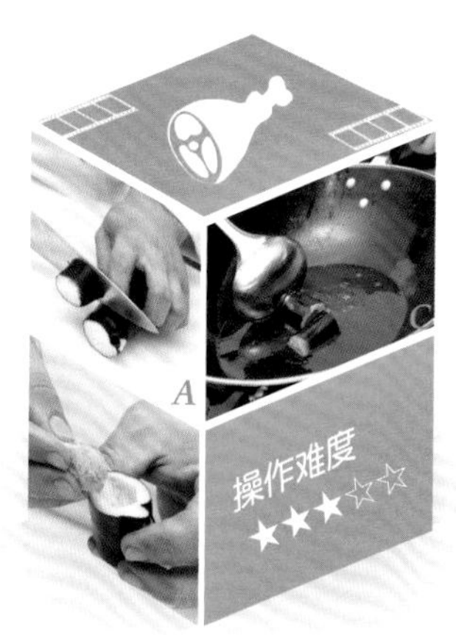

1. 将茄子切去两头，洗净，再切成2.5厘米长的段Ⓐ，挖去茄瓤，酿入猪肉馅Ⓑ，粘上淀粉，放入烧至六成热的油锅内炸3分钟Ⓒ，捞出沥油。

2. 锅中加入鲜汤、料酒、精盐、酱油、白糖和茄段，小火烧焖至熟烂入味，取出，竖着摆入盘中。

3. 锅中汤汁加入味精调匀，用水淀粉勾芡，淋入少许热油，起锅浇在茄段上即成。

-原 料

菜花150克/五花肉100克/香菇50克/青蒜25克/葱末、姜末、蒜末、精盐、味精、白糖、米醋、甜面酱、豆瓣酱、香油、植物油各适量

-制 作

1. 菜花用清水洗净，切成小朵Ⓐ，放入淡盐水中浸泡片刻。
2. 锅中加入适量清水，放入菜花焯烫一下Ⓑ，捞出沥干。
3. 五花肉洗净，切成薄片；香菇去蒂，切成小块；青蒜洗净，切成小段。
4. 锅内加上植物油烧至六成热，放入五花肉略炒，放入香菇、葱末、姜末、蒜末、红椒丁炒至变色Ⓒ。
5. 加入豆瓣酱、甜面酱、菜花炒匀Ⓓ，加入精盐、白糖、米醋、香油、味精调味Ⓔ，撒上青蒜，淋入香油即可。

回锅菜花

口味：鲜辣味

-原 料——

青椒250克/猪里脊肉150克/冬笋25克/精盐1小匙/白糖1/2小匙/料酒2小匙/酱油1大匙/熟猪油适量

-制 作——

1. 青椒洗净，切成丝A；冬笋去根，洗净，切成细丝，放入沸水锅中焯烫一下，捞出、过凉、沥水；猪里脊肉切成细丝B，放入清水锅内焯烫一下，捞出沥水。

2. 锅置旺火上，加入熟猪油烧热，放入猪肉丝炒至熟，加入酱油、料酒、白糖调好口味，出锅。

3. 锅中加入熟猪油烧热，下入青椒丝、冬笋丝和精盐略炒C，放入猪肉丝翻炒均匀，出锅装盘即成。

-原 料——

猪肉150克/水发木耳100克/胡萝卜片少许/葱花10克/精盐1小匙/味精1/2小匙/酱油1大匙/花椒水适量/水淀粉、植物油各3大匙

-制 作——

1. 水发木耳择去硬根，洗净，撕成小朵Ⓐ；猪肉洗净，切成小片Ⓑ。
2. 净锅置火上，加入植物油烧热，放入葱花炒香，放入猪肉片炒至变色Ⓒ，然后加入酱油、花椒水，放入木耳、胡萝卜片炒匀。
3. 加入精盐、味精调好菜肴口味，用水淀粉勾芡，即可出锅装盘。

原 料

莲藕400克/熟芝麻25克/香菜段15克/葱丝10克/小红辣椒碎5克/胡椒粉少许/精盐、味精各1小匙/料酒1大匙/淀粉3大匙/植物油500克(约耗50克)

制 作

1. 莲藕去皮,洗净,切成细丝Ⓐ,控净水分,撒上淀粉,充分调拌均匀,使藕丝粘上一层淀粉Ⓑ,放入烧热的油锅内炸至金黄色Ⓒ,捞出。
2. 锅中留底油,复置火上烧至六成热,放入炸好的藕丝炒匀。
3. 加入精盐、胡椒粉、味精稍炒,撒上熟芝麻、小红辣椒碎、香菜段、葱丝炒匀,出锅装盘即可。

-原 料——

金针菇250克/水发冬菇、冬笋各50克/葱丝、姜丝各5克/花椒10粒/精盐、味精各1小匙/料酒2小匙/清汤3大匙/香油2大匙

-制 作——

1. 水发冬菇去蒂、洗净，挤干水分，切成细丝A；冬笋去壳、洗净，切成细丝B；金针菇去根、洗净，分成小朵，放入沸水锅中略焯一下C，捞出沥干。

2. 炒锅置火上，加入香油烧热，下入花椒炸香（捞出不用），放入葱丝、姜丝、蚝油炒匀。

3. 加入冬菇、冬笋、金针菇略炒，烹入料酒，添入清汤，加入精盐、味精炒至入味，出锅装盘即可。

洋芋礤礤

TIME / 20分钟

口味：鲜咸味

-原 料

土豆（洋芋）250克/红椒、胡萝卜、甘蓝、火腿丝各适量/葱末、姜末、蒜末各5克/精盐2小匙/胡椒粉少许/料酒1大匙/面粉100克/香油1小匙/植物油2大匙

-制 作

1. 土豆去皮，用清水浸泡，用礤丝器擦成粗丝A，放入清水中浸泡片刻B，捞出沥水，加上面粉调拌均匀。
2. 红椒、胡萝卜、甘蓝分别择洗干净，均切成细丝C；蒸锅置火上，加入清水烧沸，放入土豆丝蒸5分钟，取出。
3. 净锅置火上，加入植物油烧至六成热，下入葱末、姜末和蒜末炝锅。
4. 放入红椒丝、火腿丝、胡萝卜丝和甘蓝丝煸炒片刻D。
5. 烹入料酒，加入胡椒粉、土豆丝、精盐、料酒炒匀E，淋上香油，出锅装盘即可。

芥蓝炒蟹粉

TIME / 15分钟　　口味：鲜咸味

-原 料——

活螃蟹（雌雄各半）750克／芥蓝100克／香菜叶20克／葱末、姜末各10克／精盐、胡椒粉各1/3小匙／料酒、水淀粉各1大匙／酱油1小匙／米醋2小匙／植物油2大匙

-制 作——

1. 螃蟹刷洗干净，上屉蒸熟，取出，剥开蟹壳Ⓐ，剔出蟹肉、蟹黄；芥蓝削皮、洗净，切成斜刀片。

2. 锅置火上，加入植物油烧至七成热，下入葱末、姜末炸出香味Ⓑ，放入蟹肉、蟹黄和芥蓝片炒熟。

3. 加入料酒、酱油、精盐、少许清水烧沸，用水淀粉勾芡，淋入米醋炒匀，出锅装盘，撒上胡椒粉，放上香菜叶即可。

-原 料——

猪肉200克／青椒块150克／水发木耳30克／淀粉1大匙／精盐2小匙／白糖2大匙／水淀粉、酱油、米醋、味精、香油、植物油各适量

-制 作——

1. 精盐、白糖、酱油、米醋、水淀粉、味精、香油放碗内调匀成味汁；猪肉洗净，切成条A，加入精盐拌匀入味，再加入少许清水、淀粉和植物油拌匀、上浆B。

2. 净锅置火上，放入植物油烧至五成热，下入猪肉条炸至外表呈微黄色时C，捞出沥油。

3. 净锅复置火上烧热，下入肉条、青椒块和木耳稍炒，烹入味汁，用旺火快速翻炒均匀，出锅装盘即可。

豆豉鲮鱼莜麦菜

TIME / 10分钟　口味：鲜咸味

-原 料——

莜麦菜400克 / 鲮鱼(罐头)50克 / 葱末15克 / 姜末5克 / 蒜末10克 / 精盐、料酒各2小匙 / 白糖、味精各1/2小匙 / 豆豉2大匙 / 水淀粉1大匙 / 高汤3大匙 / 香油1小匙 / 植物油4小匙

-制 作——

1. 将莜麦菜择洗干净，切成10厘米长的段Ⓐ，放入沸水锅中焯至熟Ⓑ，捞出沥干，装入盘中。
2. 坐锅点火，加上植物油烧至七成热，先下入葱末、姜末、蒜末、豆豉炒出香味。
3. 添入高汤，加入精盐、料酒、白糖、味精烧沸，放入鲮鱼略煮，用水淀粉勾薄芡，盛在莜麦菜上，再淋上香油即可。

-原 料——

猪里脊肉400克/精盐、料酒各少许/白糖3大匙/米醋2大匙/番茄酱1大匙/淀粉200克/植物油适量

-制 作——

1. 猪里脊肉洗净，切成粗条Ⓐ，加入精盐腌拌一下，加入淀粉及适量清水抓匀、上浆Ⓑ。

2. 坐锅点火，加入植物油烧至七成热，下入里脊条炸至外焦里嫩Ⓒ，捞出沥油。

3. 锅内留底油烧热，下入番茄酱炒香，加入白糖、米醋、料酒，添入少量清水，用水淀粉勾芡，放入里脊条翻挂均匀，出锅装盘即成。

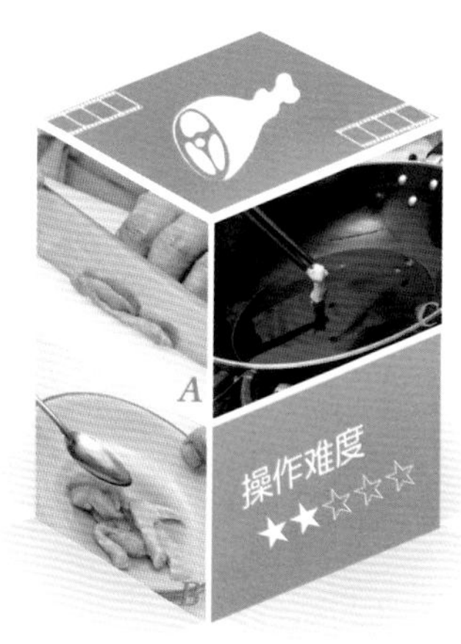

-原 料

鲜海带丝300克/猪里脊肉100克/洋葱、青尖椒、红尖椒各50克/咸菜丝20克/鸡蛋清1个/熟芝麻少许/姜末5克/味精、白糖、淀粉、料酒、酱油、米醋、香油、植物油各少许

-制 作

1. 海带、洋葱、青尖椒、红尖椒分别洗净，均切成丝Ⓐ。
2. 小碗中加入酱油、姜末、白糖、味精、料酒调拌均匀成味汁。
3. 猪里脊肉洗净，切丝，加入鸡蛋清、淀粉拌匀Ⓑ，入锅炒至变色Ⓒ，取出。
4. 热锅内放入咸菜丝稍炒，放入海带丝、洋葱丝、青尖椒丝、红尖椒丝炒至断生Ⓓ。
5. 放入猪肉丝炒匀Ⓔ，烹入调好的味汁炒至入味，淋入香油、米醋，出锅装盘，撒上熟芝麻即可。

肉丝炒海带丝

口味：鲜咸味

-原 料

瘦猪肉400克/大葱150克/甜面酱2小匙/味精、米醋各1/2小匙/酱油、花椒水各1大匙/精盐1小匙/香油2小匙/植物油3大匙

-制 作

1. 瘦猪肉去掉筋膜，洗净，切成大片，加上甜面酱、少许香油搅拌均匀A，腌渍15分钟；大葱去根和老叶，洗净，切成丝。
2. 锅置火上，加入植物油烧热，下入猪肉片翻炒至八成熟B，放入葱丝速炒几下。
3. 加入米醋、酱油、花椒水、精盐和味精调味，淋入香油，出锅装盘即可。

合川肉片

TIME / 15分钟　口味：鲜辣味

-原 料——

猪肉400克 / 水发木耳块、净笋片各25克 / 鸡蛋1个 / 精盐、味精各1/2小匙 / 豆瓣1大匙 / 酱油、料酒各2小匙 / 米醋、白糖各1小匙 / 水淀粉、面粉、植物油各适量

-制 作——

1. 猪肉切成大片Ⓐ，加入鸡蛋、精盐、料酒、面粉拌匀，放入油锅中煎至黄色Ⓑ，取出；酱油、料酒、米醋、白糖、味精、精盐、水淀粉放入碗中调成汁芡。
2. 净锅置火上，加入少许植物油烧热，放入豆瓣、净笋片、水发木耳块稍炒。
3. 放入猪肉片炒匀，烹入调好的汁芡，旺火快速炒匀，出锅装盘即可。

-原 料

猪五花肉150克/土豆片100克/辣白菜80克/青椒块、红椒块、洋葱各30克/熟芝麻、干辣椒各少许/花椒2克/精盐、白糖、味精、料酒、酱油、香油、植物油各适量

-制 作

1. 猪五花肉洗净，放入清水锅中煮20分钟，关火晾凉，切成大片；洋葱洗净，切成小块；辣白菜切成片Ⓐ。

2. 锅中加入植物油烧至六成热，放入土豆片、五花肉片炒香Ⓑ，捞出沥油。

3. 锅中留底油烧热，放入花椒、干辣椒炒香，放入洋葱块、辣白菜片略炒Ⓒ，放入土豆片、五花肉，加入精盐、料酒、酱油、白糖、熟芝麻、味精、青椒、红椒块炒匀即成。

-原 料

猪排骨1200克/姜片30克/精盐、白糖各1小匙/料酒3大匙/酱油4大匙/五香料包1个(八角3粒，花椒3克，丁香、桂皮、小茴香各2克)

-制 作

1. 将猪排骨剁成大块A，洗净，放入清水锅中焯烫至透，捞出、沥干。
2. 净锅置火上烧热，加入清水、姜片、精盐、白糖、料酒、酱油和五香料包烧沸，中火煮20分钟成酱汤，放入排骨块烧沸。
3. 转小火酱至锅内卤汁浓稠、排骨块熟烂时B，离火出锅，装盘上桌即可。

干煸牛肉丝

TIME / 20分钟

-原 料——

牛肉400克／芹菜、蒜薹各100克／红椒丝少许／姜丝10克／精盐、白糖各1/2小匙／花椒粉、酱油各1小匙／豆瓣酱3大匙／料酒2小匙／辣椒粉、植物油各2大匙

-制 作——

1. 牛肉洗净，切成丝A；蒜薹、芹菜分别择洗干净，均切成小段B。
2. 锅置火上，加入植物油烧热，下入牛肉丝C，用中火煸炒至干香，再分2次烹入料酒D。
3. 加入豆瓣酱、姜丝翻炒均匀，放入蒜薹段和芹菜段炒匀E。
4. 加入酱油、白糖、精盐、料酒，放入红椒丝稍炒。
5. 撒入花椒粉、辣椒粉翻炒均匀，出锅装盘即可。

沙茶牛肉

-原 料

牛肉200克 / 空心菜150克 / 红辣椒1个 / 姜片、蒜片各10克 / 沙茶酱1大匙 / 精盐、蚝油、鸡精、白糖、香油、酱油、料酒、植物油各适量

-制 作

1. 牛肉切成薄片Ⓐ，加入精盐、蚝油、鸡精拌匀，腌渍10分钟，再放入热油锅内滑至熟嫩Ⓑ，捞出牛肉片；空心菜洗净，切成小段；红辣椒洗净，切成小片。

2. 净锅置火上，加入植物油烧热，加入姜片、蒜片、红辣椒片爆香，放入空心菜、牛肉片炒匀。

3. 烹入料酒，加入沙茶酱、白糖、酱油稍炒，淋入香油，出锅装盘即可。

-原 料——

水发皮肚400克/小南瓜100克/香菇块75克/冬笋片50克/油菜心25克/枸杞子少许/葱花、姜末各少许/精盐2小匙/胡椒粉1/2小匙/料酒1大匙/植物油适量

-制 作——

1. 水发皮肚洗净，切成片A；小南瓜去皮、去瓤，切成块，放入蒸锅中蒸熟，取出、晾凉，打碎成南瓜酱B。
2. 净锅置火上，加入植物油烧至六成热，先下入葱花、姜末爆香，放入香菇块、冬笋片煸炒。
3. 加入料酒、清水、精盐、胡椒粉和皮肚块烧沸，转小火炖5分钟，加入南瓜酱烧1分钟C，放入油菜、枸杞子，用水淀粉勾芡，倒入砂煲中，直接上桌即可。

芙蓉鸡片

TIME / 25分钟　口味：鲜咸味

-原 料—

鸡胸肉150克 / 油菜心25克 / 熟火腿末15克 / 鸡蛋清3个 / 精盐1小匙 / 味精1/2小匙 / 水淀粉4小匙 / 鸡汤200克 / 植物油适量

-制 作—

1. 鸡胸肉切成片Ⓐ，加入鸡蛋清、水淀粉拌匀Ⓑ，放入油锅中滑散Ⓒ，捞出沥油；鸡蛋清放入深盘中，用筷子搅成泡沫状；油菜心切段，焯烫至熟，取出。

2. 锅置火上，加入鸡汤、精盐、味精烧沸，用水淀粉勾芡，淋入鸡蛋清搅炒几下。

3. 放入鸡肉片，轻轻翻炒均匀，出锅盛入盘中，撒上油菜心、熟火腿末即成。

酱爆熏鸡

-原 料——

熏鸡肉400克／青蒜苗50克／精盐1小匙／黄酱、姜汁各1大匙／料酒、味精各少许／白糖2小匙／植物油1000克(约耗80克)／淀粉、熟鸡油各少许

-制 作——

1. 熏鸡肉片成厚片Ⓐ，滚上一层淀粉，放入烧至七成热的油锅内炸至酥脆Ⓑ，捞出鸡肉片，沥油；青蒜苗洗净，切成小段。
2. 锅内留底油，复置火上烧热，加入黄酱煸炒出香味，加入白糖，烹入料酒炒匀。
3. 加入味精和姜汁炒浓稠，放入熏鸡肉片和青蒜段翻炒几下，淋入熟鸡油，出锅装盘即成。

原料

鸡腿肉400克/净虾仁150克/辣椒酥50克/干辣椒5克/姜片10克/花椒2克/豆瓣酱、白糖、精盐、味精各少许/酱油2小匙/料酒2大匙/淀粉1大匙/植物油适量

制作

1. 鸡腿肉切成丁Ⓐ，放在容器内，加入净虾仁、姜片调匀，放入料酒、酱油、精盐和味精拌匀Ⓑ，腌渍20分钟。
2. 取出腌鸡肉的姜片不用，再加入淀粉和少许植物油拌匀Ⓒ。
3. 净锅置火上，加入植物油烧至六成热，放入鸡肉丁、虾仁炸至熟嫩Ⓓ，捞出沥油。
4. 原锅留底油烧热，加入腌鸡肉的姜片炒香，放入豆瓣酱、料酒、精盐、白糖、花椒、鸡块、虾仁煸炒片刻。
5. 放入干辣椒和辣椒酥翻炒均匀Ⓔ，撒上味精炒匀，出锅装盘即可。

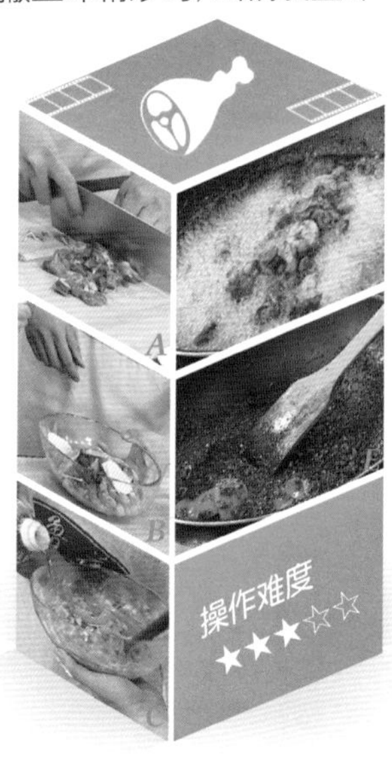

辣子鸡里蹦

口味：香辣味

-原 料——

鸡腿肉350克/青笋50克/葱段30克/泡红辣椒15克/姜片、蒜片各5克/精盐1/2小匙/味精、香油各少许/酱油2大匙/水淀粉1大匙/鸡汤75克/植物油3大匙

-制 作——

1. 鸡腿肉洗净、拍松，切成小条A，加入精盐、水淀粉抓匀上浆；青笋去根、去皮，洗净，切成斜刀条。
2. 精盐、味精、酱油、香油、鸡汤、水淀粉放入小碗中调匀成芡汁。
3. 锅中加入植物油烧热，放入鸡肉条炒散B，下入泡红辣椒、姜片、蒜片炒出香味，放入青笋片、葱段炒至熟，烹入芡汁炒至收汁，出锅装盘即可。

-原 料

净小鲫鱼6条(约1500克)/葱段500克/姜片100克/料酒1瓶/糖色3大匙/老抽、味精、胡椒各少许/植物油适量

-制 作

1. 净小鲫鱼放入容器中，加入半瓶料酒、少许老抽、葱段调拌均匀Ⓐ，腌渍入味。

2. 坐锅点火，加入植物油烧热，下入鲫鱼炸至酥脆熟香Ⓑ，捞出沥油。

3. 锅中留底油烧热，下入姜片、葱段炒香，放入老抽、味精、料酒、胡椒、糖色烧沸成酱汁，出锅倒入容器中，放入鲫鱼腌渍入味，即可装盘上桌。

-原 料

草虾500克/韭菜80克/熟芝麻少许/姜末10克/精盐1小匙/白糖、米醋各4小匙/番茄酱2大匙/料酒3小匙/酱油1/2小匙/植物油1000克(约耗50克)

-制 作

1. 将韭菜择洗干净,切成小段;草虾去除虾枪、虾腿、虾线,洗净,放入热油锅内炸至色泽金黄Ⓐ,捞出沥油。
2. 锅留底油烧热,下入姜末炒香,放入番茄酱稍炒,加入料酒、精盐、酱油、米醋、白糖炒匀Ⓑ。
3. 放入炸好的草虾、韭菜段翻炒均匀Ⓒ,待味汁包裹住虾身后,撒入熟芝麻,出锅装盘即可。

-原 料——

赤鳞鱼10条/面粉75克/花椒15粒/椒盐1小碟/精盐1/2小匙/葱姜料酒汁4小匙/植物油750克(约耗75克)

-制 作——

1. 赤磷鱼去除鱼鳃、鱼鳞，剖腹去内脏，冲洗干净，放入容器中，加入花椒、精盐、葱姜料酒汁拌匀Ⓐ，腌渍10分钟，取出沥干，裹匀面粉。

2. 净锅置火上，加入植物油烧至七成热，放入赤磷鱼，转小火炸至淡黄色Ⓑ，捞出沥油，装入盘中，随带椒盐上桌蘸食即可。

-原 料

黄瓜350克 / 虾仁150克 / 精盐1小匙 / 味精1/2小匙 / 小苏打粉少许 / 水淀粉适量 / 植物油2大匙 / 花椒油2小匙

-制 作

1. 虾仁去掉沙线，洗净，加上小苏打粉、少许精盐拌匀，放入沸水锅内焯烫一下，捞出沥水；黄瓜去皮，洗净，切成斜刀片A。
2. 净锅置火上，加上植物油烧至七成热，放入虾仁、黄瓜片略炒B。
3. 加入精盐、味精炒至入味，用水淀粉勾薄芡，淋上花椒油，出锅装盘即成。

Part 3
最具人气宴客大菜

大展宏图油焖虾

TIME / 25分钟

-原 料—

对虾650克／葱段、姜片各少许／精盐、味精、料酒各2小匙／白糖、番茄酱各1大匙／植物油适量

-制 作—

1. 对虾洗净，剪去虾腿、虾尾，虾头剪去1/3，再剪开虾背A。
2. 锅置火上，加入植物油烧热，放入葱段、姜片，用小火煸香B。
3. 捞出葱段、姜片不用C，放入对虾煸炒至两面呈红色D。
4. 烹入料酒，加入番茄酱、少许清水烧沸，加入精盐、白糖收浓汤汁。
5. 加入味精调匀，用小火焖几分钟，取出对虾装盘；锅中汤汁煮至黏稠，浇在对虾上E即可。

-原 料——

水发鱼翅150克／净鸡肉块、净猪排骨、熟火腿、鸡骨、干贝粒各适量／葱段、姜片各50克／精盐2大匙／味精1/2小匙／料酒3大匙／胡椒粉少许／水淀粉2小匙／糖色、熟鸡油各适量

-制 作——

1. 水发鱼翅放入沸水锅中，加入料酒、葱段、姜片焯烫2分钟，捞出、冲净，用纱布包成小包A。
2. 锅中用竹筷垫底，放入鸡骨、鱼翅包、火腿、干贝、鸡块、排骨，加入料酒、葱段、姜片、糖色，添水没过食材，旺火煮沸B，转小火慢煨8小时。
3. 加入精盐、味精、胡椒粉烧30分钟，捞出鱼翅、火腿、干贝装入容器内；将锅内原汤加热，用水淀粉勾芡，淋入熟鸡油，浇在鱼翅上即可。

-原 料——

大虾400克／荸荠片50克／葱丝、姜丝、蒜片各5克／精盐、味精各1小匙／料酒1大匙／白糖、胡椒粉、香油各少许／淀粉2大匙／植物油适量

-制 作——

1. 大虾收拾干净，一分为二，加入料酒、味精、精盐和胡椒粉腌渍入味，加入淀粉搅匀；葱丝、姜丝、蒜片、料酒、精盐、白糖、香油、胡椒粉调匀成味汁A。
2. 净锅置火上，加入植物油烧至六成热，放入大虾炸至金黄色B，捞出沥油。
3. 锅中留底油，复置火上烧热，放入大虾稍煎C，加入荸荠片，烹入味汁翻炒均匀，出锅装盘即可。

-原 料

水发鱼肚150克／净虾仁100克／猪肥膘肉35克／熟火腿、水发冬菇各25克／豌豆12粒／鸡蛋清1个／精盐、味精、胡椒粉、淀粉、葱姜汁、熟鸡油、清汤各适量

-制 作

1. 净虾仁、猪肥膘肉剁成蓉Ⓐ，加入鸡蛋清、葱姜汁、淀粉和精盐拌匀Ⓑ；水发冬菇、熟火腿切成片。
2. 水发鱼肚切成小块，焯水，沥净，抹上馅料，对角放上熟火腿片、冬菇，中间放上豌豆粒。
3. 把鱼肚放入盘中，入笼旺火蒸10分钟Ⓒ，取出放在汤碗中；锅中加入清汤、精盐、味精和胡椒粉烧沸，出锅倒入盛有鱼肚的汤碗内，淋上熟鸡油即成。

-原 料——

罐头鲍鱼6个／净虾肉300克／芹菜茎75克／肥肉丁50克／火腿蓉25克／鸡蛋清2个／精盐、味精、胡椒粉、酱油各少许／上汤适量

-制 作——

1. 罐头鲍鱼切成细丝；净虾肉剁成蓉Ⓐ，加入精盐、味精、鸡蛋清搅匀打成虾胶Ⓑ，加入肥肉丁、鲍鱼丝拌匀，制成24粒圆形鲍鱼丸，放入抹油的盘中。

2. 芹菜茎焯熟、过凉，沥水，剁成碎粒，与火腿蓉分别酿在鲍鱼丸上，入笼蒸5分钟至熟，取出。

3. 锅置火上，加入上汤、味精、精盐、酱油烧沸，放入鲍鱼丸，撒入胡椒粉稍煮，出锅装碗即成。

-原 料

鲈鱼1条/肥肉丁100克/蒜黄75克/鲜蚕豆50克/葱片、姜片各10克/精盐1大匙/料酒2小匙/胡椒粉1小匙/味精、酱油、水淀粉各少许/植物油适量

-制 作

1. 鲈鱼洗涤整理干净，在鱼背部沿脊骨划两刀Ⓐ，抹上精盐，腌渍入味；蚕豆放入清水中洗净，捞出、沥干。
2. 炒锅上火，加入清水，放入肥肉丁炸出油脂Ⓑ，出锅装碗成油渣Ⓒ。
3. 鲈鱼放入沸水锅内焯烫一下，捞出，放在盘内，撒上胡椒粉、料酒、味精，放入蚕豆瓣、油渣、葱片和姜片。
4. 蒸锅中加入清水烧沸，放入装有鲈鱼的盘子，蒸约10分钟至熟Ⓓ，出锅。
5. 锅内放入油渣、蒜黄段、料酒、酱油、精盐、胡椒粉、清水煮沸Ⓔ，水淀粉勾芡，出锅浇在鲈鱼上即可。

DVD 油渣蒜黄蒸鲈鱼

口味：鲜咸味

-原 料——

活海蟹2只(约600克)/葱花25克/姜末15克/酱油1小匙/胡椒粉少许/白糖、水淀粉、植物油各1大匙

-制 作——

1. 活海蟹拍晕，开壳后去掉鳃、除内脏Ⓐ，洗涤整理干净，剁成大块，摆入大盘中，放入蒸锅蒸7分钟至熟，取出。
2. 锅中加入植物油烧热，下入姜末炒香，放入蟹块炒匀，滗入蒸蟹的原汁翻炒片刻Ⓑ。
3. 放入白糖、酱油、胡椒粉炒至入味，用水淀粉勾芡，放入葱花炒匀，出锅装盘即可。

-原 料——

活海蟹2只(约700克)/精盐、味精各1/2小匙/料酒1大匙/辣椒粉2小匙/淀粉、植物油各适量

-制 作——

1. 海蟹去除蟹脐和蟹盖，去鳃及内脏A，冲洗干净，再剁成两块，放入盆中，加入料酒、味精、精盐、辣椒粉拌匀，腌渍片刻。

2. 坐锅点火，加入植物油烧至八成热，将海蟹刀口断面处拍匀淀粉，入锅炸至金黄色B，捞出沥油。

3. 把炸好的海蟹在盘中拼回原形；将蟹盖入油锅内炸至金红色，捞出沥油，盖在炸蟹上即可。

-原 料

冷冻银鳕鱼250克/小红尖椒碎25克/香菜段10克/葱丝15克/姜丝10克/精盐、料酒、酱油、胡椒粉、白糖、味精、淀粉、植物油各适量

-制 作

1. 银鳕鱼化冻，撒上淀粉；大葱洗净，切成细丝Ⓐ；精盐、酱油、料酒、胡椒粉、白糖、味精拌匀成味汁。
2. 锅内加入植物油烧热，加入银鳕鱼煎至金黄色Ⓑ，取出，放入蒸锅内，用旺火蒸5分钟，出锅。
3. 将调好的味汁浇在银鳕鱼上；葱丝、姜丝、香菜、红尖椒拌匀，撒在银鳕鱼上，淋上烧热的植物油炝出香味，上桌即可。

-原 料——

甲鱼1只/肥膘肉丁50克/熟火腿丝15克/水发香菇丝10克/姜丝15克/葱段10克/精盐1小匙/味精1/2大匙/胡椒粉少许/料酒、水淀粉各2小匙/上汤100克

-制 作——

1. 甲鱼宰杀，沿甲鱼壳切开，去除内脏Ⓐ，放入沸水锅内焯烫一下，捞出刮去黑膜，洗净，擦干水分。
2. 取大盘1个，用葱段垫底，甲鱼内外抹匀精盐，放上葱段、姜丝、水发香菇丝、熟火腿丝、肥膘肉丁，入笼蒸约1小时Ⓑ，取出甲鱼，放入另一个盘内。
3. 蒸甲鱼的原汁滗入锅内，加入上汤、精盐、味精、胡椒粉、料酒烧沸，水淀粉勾芡，出锅浇在甲鱼上Ⓒ即成。

西瓜菠萝虾

TIME / 30分钟

-原 料

大虾500克/西瓜、菠萝各100克/面包糠适量/鸡蛋2个/精盐2小匙/料酒、白糖各1大匙/黑胡椒粉1/2小匙/淀粉2大匙/植物油750克（约耗75克）

-制 作

1. 西瓜去皮，取瓜瓤，切块；菠萝去皮，取果肉，放入淡盐水中浸泡，捞出切块。
2. 大虾剪去虾线A，去掉虾头B，用牙签在虾尾的倒数第二节挑出虾线C，剥去虾壳，洗净。
3. 大虾放在容器内，加上精盐、料酒、白糖、黑胡椒粉拌匀D，腌渍10分钟；鸡蛋磕在碗里打散成鸡蛋液。
4. 大虾裹上淀粉，放入蛋液中，裹一层蛋液，再滚上面包糠，压实成生坯。
5. 锅内加入植物油烧热，下入大虾生坯炸至色泽金黄，捞出沥油，码放在盘内，撒上西瓜块、菠萝块即成。

捶熘凤尾虾

-原 料

大虾10只(约500克)/火腿片、青菜心、冬笋片各25克/精盐、味精、香油各少许/料酒2小匙/葱姜汁1大匙/淀粉100克/植物油2大匙

-制 作

1. 大虾去虾头、保留虾尾，挑除沙线、沙包Ⓐ，加入少许精盐、味精、料酒、葱姜汁拌匀，腌渍入味。
2. 大虾沾匀淀粉，用擀面杖捶砸成大片，放入沸水锅内氽烫至熟Ⓑ，捞出，冲凉、沥水。
3. 锅中加上植物油烧热，放入火腿片、青菜心、冬笋片略炒Ⓒ，放入料酒、葱姜汁、精盐、少许清水煮沸，放上大虾，淋入香油炒匀，即可出锅装盘。

-原 料

净平鱼1条/五花肉丁75克/冬笋丁50克/青蒜末15克/葱段、姜片、蒜瓣各少许/白糖、精盐、胡椒粉各1小匙/豆瓣酱2大匙/豆豉、料酒、米醋、酱油各1大匙/植物油适量

-制 作

1. 净平鱼剪去鱼鳍，表面剞上菱形花刀A，擦净表面水分，放入烧热的油锅内炸至金黄B，捞出沥油。

2. 锅留底油烧热，加入葱段、姜片、蒜瓣、猪肉丁炒香，放入冬笋丁炒至半干，加入豆豉、豆瓣酱炒匀C，加入调料、少许清水和平鱼烧10分钟。

3. 取出平鱼，放入大盘中；锅内汤汁转旺火收浓，撒入青蒜末，出锅淋上平鱼上即可。

-原 料——

对虾10个/面包糠200克/鸡蛋1个/白糖、料酒各1小匙/精盐、胡椒粉、淀粉、香油、植物油各适量/上汤100克

-制 作——

1. 鸡蛋磕入碗中搅匀；对虾洗净，切下虾头Ⓐ；把虾身拍上一层淀粉，再裹上鸡蛋液，挂匀面包糠。
2. 锅中加入植物油烧至五成热，放入虾头Ⓑ，用小火煸炒，再加入料酒、上汤、精盐、白糖炒至熟，淋上香油，出锅放入盘中。
3. 锅中加入植物油烧热，放入挂匀面包糠的虾身炸至金黄色，捞出，摆在虾头的周围即可。

酸辣开片虾

TIME / 15分钟　口味：酸辣味

-原 料——

基围虾250克／猪肉末25克／泡椒、野山椒末各15克／香葱花10克／姜末、蒜末各15克／味精、胡椒粉各1/2小匙／白糖1小匙／淀粉100克／清汤、植物油各适量

-制 作——

1. 基围虾去掉沙线、洗净，在背部划一刀，再用刀背碾成片Ⓐ，裹匀一层淀粉，放入烧至七成热的油锅内炸至金黄色Ⓑ，捞出沥油，摆在盘中。

2. 锅中留底油烧热，下入猪肉末炒至变色，加入姜末、蒜末、泡椒末、野山椒末炒出香辣味。

3. 添入清汤，放入味精、白糖、胡椒粉烧沸，用水淀粉勾薄芡，出锅淋在基围虾上，撒上香葱花即可。

-原 料

净乌鸡1只/青红柿子椒各1个/水发木耳、净笋片各25克/鸡蛋清少许/蒜瓣15克/葱段、姜块各10克/豆豉辣酱1大匙/腐乳1块/蚝油2小匙/料酒、味精、白糖、淀粉、植物油各适量

-制 作

1. 净乌鸡剁成块,加上鸡蛋清、料酒、淀粉拌匀A;青红柿子椒洗净,切成长条;水发木耳洗净,撕成小块。
2. 把豆豉辣酱、料酒、蚝油、白糖、腐乳、味精放在碗内调匀成酱汁B。
3. 净锅置火上,加入植物油烧至六成热,下入葱段、姜块、蒜瓣炸出香味成葱姜油C。
4. 捞出葱姜油内的葱、姜、蒜,垫在煲仔底部D;把乌鸡块放入葱姜油中煸炒,加入木耳、笋片、青红柿子椒炒匀E。
5. 出锅倒在煲仔内,加入调好的酱汁,上火加热,淋入料酒,原锅上桌即可。

侯哥煲仔鸡

口味：鲜咸味

-原 料——

净鳜鱼1条(约650克)/葱花、姜末、蒜末各10克/精盐、味精、白糖、酱油、白醋、水淀粉、料酒、豆瓣酱各适量/肉汤300克/植物油500克(约耗50克)

-制 作——

1. 在净鳜鱼两侧剞上十字花刀A,表面涂抹上少许料酒、精盐略腌,再放入烧至七成热的油锅中冲炸一下B,捞出沥油。
2. 锅留底油烧热,下入豆瓣酱、姜末、蒜末炒成红色,放入鳜鱼、料酒、酱油、精盐、白糖和肉汤煮沸。
3. 加入味精煨至熟透,盛入盘中;锅内汤汁用水淀粉勾芡,淋入白醋,撒入葱花,浇在鳜鱼上即可。

奇味猪肘

TIME / 120分钟

口味：五香味

-原 料——

猪肘1个(约1500克)/鸡蛋1个/面粉适量/葱段、姜块各10克/精盐、味精、辣椒粉、胡椒粉各1/2小匙/孜然粉1小匙/花椒粉、香炸粉各少许/红卤水、植物油各适量

-制 作——

1. 猪肘刮洗干净Ⓐ，放入锅中，先加入红卤水烧沸，放入葱段、姜块、精盐、味精、胡椒粉，转小火卤约1.5小时Ⓑ，熟透后捞出，晾凉去骨(留用)。

2. 把猪肘肉加入辣椒粉、花椒粉、孜然粉拌匀，再用鸡蛋液、面粉、香炸粉抓匀。

3. 把猪肘肉放入油锅内炸成金黄色，捞出沥油，在肉面处剞上十字花刀，放入垫有骨棒的盘中即可。

-原 料

鸡腿肉400克/去核山楂（红果）100克/鸡蛋1个/柚子肉少许/姜片20克/葱段10克/精盐1/2大匙/料酒2小匙/白糖、淀粉、植物油各适量

-制 作

1. 锅置火上，加入清水、姜片煮3分钟，捞出姜片，放入山楂稍煮，然后加入精盐、白糖，不停地搅炒至浓稠状A，出锅盛入碗中成山楂糊。
2. 鸡腿肉切块B，加入少许精盐、料酒、葱段、姜片稍腌，再加入鸡蛋液、淀粉、少许植物油调拌均匀。
3. 锅内放油烧热，下入鸡肉块炸至酥脆C，滗去余油，放入山楂糊炒匀，出锅装盘，撒上柚子肉即可。

-原 料——

猪肘1个(约1500克)/青蒜段少许/葱段、姜片、五香料、精盐、味精各少许/酱油3大匙/白糖1小匙/料酒5大匙/水淀粉2大匙/鲜汤适量/植物油2000克(约耗75克)

-制 作——

1. 猪肘刮洗干净Ⓐ，放入锅中，加入五香料、精盐、料酒、酱油、白糖和鲜汤，中火煮至五分熟，捞出。
2. 把猪肘放入烧至七成热的油锅内炸至金黄色Ⓑ，捞出、放在盆中，撒入葱段、姜片、少许煮猪肘的原汤，上屉旺火蒸至熟烂，捞出猪肘，装盘。
3. 将蒸猪肘的汤汁加热，加入料酒、味精煮匀，用水淀粉勾芡，撒入青蒜段，浇在肘子上即可。

芙蓉菜胆鸡

DVD

TIME / 30分钟

口味：鲜咸味

-原 料

鸡肉片200克/鸡蛋清4个/油菜心75克/水发香菇丁、青椒丁、红椒丁各少许/大葱、姜块各25克/精盐2小匙/水淀粉1大匙/牛奶4大匙/料酒1小匙/味精、胡椒粉各少许/植物油适量

-制 作

1. 大葱、姜块拍碎A，加入清水浸泡后取葱姜水，放搅拌器内，加鸡蛋清、精盐、牛奶、料酒、鸡肉片打成蓉。
2. 油菜心择洗干净B，放入加有少许精盐的沸水锅中焯烫一下，捞出装盘C。
3. 锅中加油烧热，倒入鸡蓉浸熟D，加入香菇丁、青椒丁、红椒丁冲一下，捞出。
4. 锅中留底油烧热，放入葱姜水、胡椒粉、精盐、味精、料酒和清水烧沸。
5. 用水淀粉勾芡，倒入滑好的鸡蓉片和蔬菜翻炒一下E，出锅放在盛有油菜的盘内，上桌即可。

-原 料——

猪肘1个(约1500克)/香菜段少许/葱段30克/姜片10克/八角2粒/花椒8粒/酱油1大匙/味精少许/水淀粉2大匙/蜂蜜2小匙/鲜汤300克/植物油500克(约耗50克)

-制 作——

1. 猪肘刮净Ⓐ，放入清水锅中煮至八分熟，捞出、去骨，涂抹上蜂蜜，放入热油锅内炸上颜色Ⓑ，捞出。
2. 将肘子肉面剞上深十字花刀，摆入碗中，放入葱段、姜块、花椒、八角、酱油、鲜汤，上屉蒸至熟烂。
3. 取出肘子，拣去葱姜、花椒、八角，汤汁滗入炒锅，肘子扣在盘中；把锅中汤汁烧沸，加入味精，用水淀粉勾芡，出锅浇在猪肘上，撒上香菜段即可。

-原 料—

净鸭子半只/冬笋50克/干香菇15克/葱段、姜块各15克/八角3个/白糖1大匙/腐乳2小块/料酒2大匙/红曲米2小匙/植物油3大匙

-制 作—

1. 冬笋洗净，切成块Ⓐ；净鸭子剁成块，放入热油锅内，加上葱段、姜片略炒Ⓑ，捞出；干香菇涨发、去蒂。

2. 锅内加入植物油烧热，放入白糖和少许清水炒成糖色，烹入料酒，倒入鸭块翻炒至鸭块上色Ⓒ。

3. 放入冬笋、香菇、八角、腐乳、红曲米和清水烧沸，出锅倒入高压锅中，置火上压15分钟至鸭块熟嫩，盛出，再放入净锅内烧5分钟至汤汁收浓即可。

腐乳烧鸭

TIME / 45分钟　　口味：鲜咸味

-原 料——

猪排骨1大块（约500克）/干辣椒10克/蒜蓉25克/海鲜酱、沙茶酱、老抽、生抽、蚝油、白糖、味精各1小匙

-制 作——

1. 猪排骨洗净，沥净水分，剁成小段A，放入盆中，加入海鲜酱、沙茶酱、老抽、生抽、蚝油、味精、白糖拌匀，腌渍2小时。
2. 净锅置火上，加入植物油烧至六成热，放入排骨块炸至熟香B，待外皮结壳时，捞出沥油。
3. 锅中留底油烧热，放入蒜蓉、干辣椒炒出香味，下入猪排骨略炒，出锅装盘即成。

-原 料——

猪排骨500克/油菜150克/熟芝麻少许/葱段15克/姜片10克/精盐、味精、料酒各2小匙/腐乳1小块/番茄酱、白糖各2大匙/植物油适量

-制 作——

1. 小油菜择洗干净，用沸水焯烫一下，捞出沥水，摆入盘中垫底。
2. 猪排骨剁成段Ⓐ，加入腐乳、葱段、姜片、白糖、精盐、味精、料酒拌匀，下入热油锅中炸至酥脆Ⓑ，捞出。
3. 另起锅，加入植物油烧热，放入番茄酱、腌排骨的料汁、排骨段及适量清水烧沸，小火炖至排骨熟透，出锅盛在小油菜上，撒上熟芝麻即可。

-原 料——

排骨500克/莲藕250克/莲子50克/山楂片15克/蒜瓣25克/精盐1小匙/番茄酱1大匙/料酒、酱油、香油各2小匙/白糖、植物油各2大匙

-制 作——

1. 排骨漂洗干净，沥水，剁成段，放入清水锅内焯烫2分钟，捞出沥水。
2. 莲藕去皮、藕节，洗净，切成片Ⓐ，放入容器中，加入清水和少许精盐调匀，腌泡5分钟，捞出沥水。
3. 锅中加油烧热，先下入蒜瓣稍炒，放入排骨块和白糖煸炒至上色Ⓑ。
4. 加入山楂片、清水（淹没排骨）、番茄酱、精盐、白糖、料酒、酱油烧沸Ⓒ，再放入藕片和泡好的莲子调匀Ⓓ。
5. 盖上锅盖，转中小火烧焖15分钟，用旺火收浓汤汁Ⓔ，淋入香油，待汤汁包裹好排骨块后，出锅装盘即成。

双莲焖排骨

口味：酸甜味

原 料

猪蹄(猪手)1只/熟油菜100克/葱段、姜片、桂皮、八角、花椒各少许/精盐、白糖各1小匙/味精1/2小匙/酱油、水淀粉各3大匙/黑椒汁、料酒、植物油各2大匙

制 作

1. 将猪蹄刮洗干净，剁成小块Ⓐ，放入盆中，加入桂皮、八角、花椒、葱段、姜片、酱油拌匀。
2. 净锅置火上，加上植物油烧至六成热，放入猪蹄块炒至上色Ⓑ，加入精盐、味精、料酒、酱油、白糖、黑椒汁、清水烧煮至沸。
3. 加盖后焖30分钟至熟，用水淀粉勾芡，淋入少许明油，出锅盛放入碗中，摆上熟油菜即成。

大蒜烧牛腩

TIME / 25分钟　口味：笋香味

-原 料——

牛腩肉300克／青椒、红椒各50克／蒜瓣30克／精盐1/2小匙／鸡精1小匙／白糖、胡椒粉各1/3小匙／酱油、料酒、水淀粉各1大匙／植物油3大匙

-制 作——

1. 牛腩肉洗净，切成方丁Ⓐ，加入少许精盐、水淀粉拌匀上浆，放入热油锅中炒至八分熟Ⓑ，盛出；青椒、红椒去蒂，洗净，切成小块。

2. 净锅置火上，加入植物油烧热，下入蒜瓣炸透，放入青椒块、红椒块和牛腩丁爆炒片刻，烹入料酒。

3. 加入精盐、鸡精、酱油、白糖、胡椒粉和少许清水，用中火烧至入味，用水淀粉勾芡，出锅装盘即可。

-原 料

鸡肉馅150克/面包糠100克/洋葱末50克/鸡蛋2个/精盐1小匙/味精、黑胡椒粉各1/2小匙/面粉2大匙/白兰地酒2小匙/黄油1小块(切小丁)

-制 作

1. 50克鸡肉馅放入粉碎机中，加入1个鸡蛋、黑胡椒粉、白兰地酒、洋葱末搅打成鸡肉泥Ⓐ，取出，放入剩余鸡肉馅搅拌均匀，加入精盐、味精搅打上劲。

2. 把鸡肉馅挤成小丸子Ⓑ，中间放入黄油丁，裹匀面粉，拖上一层鸡蛋液，滚粘上面包糠成生坯。

3. 净锅置火上，加上植物油烧至六成热，下入生坯炸至金黄色、熟嫩时Ⓒ，捞出沥油，装盘上桌即可。

-原 料——

羊腩肉300克/芋头150克/葱花、姜末、八角各少许/精盐、味精各1/2小匙/白糖1大匙/酱油2大匙/甜面酱、香油各1小匙/花椒粉、水淀粉、清汤、植物油各适量

-制 作——

1. 羊腩肉洗净，切成大块Ⓐ，放入清水锅中煮熟，捞出、冲净；芋头去皮，洗净，切成滚刀块Ⓑ，放入热油锅中炸至金黄色Ⓒ，捞出沥油。

2. 锅中留底油，下入葱花、姜末、八角炒香，放入甜面酱、酱油、精盐、白糖、花椒粉、味精炒匀。

3. 添入清汤烧沸，加入羊肉、芋头，小火焖至熟烂，用水淀粉勾薄芡，淋入香油，出锅装盘即成。

-原 料——

羊腿肉500克/洋葱150克/鸡蛋清1个/孜然、精盐、味精、鸡精、淀粉、香辣牛肉酱、辣椒油、植物油各适量

-制 作——

1. 羊腿肉洗净，切成大片Ⓐ，加入鸡蛋清、味精、鸡精、淀粉拌匀，放入热油锅中滑熟Ⓑ，捞出沥油；洋葱去皮、洗净，切成粗丝。

2. 锅留底油烧热，放入牛肉酱、孜然炒香，加入羊肉片、精盐、味精、鸡精炒匀，淋入辣椒油。

3. 鹅卵石洗净，上火烧热，放入容器内，撒上洋葱丝垫底，再放上羊肉片，加盖焖一下，上桌即成。

Part 4
最具人气浓情靓汤

鸡汁土豆泥

TIME / 30分钟

-原 料

土豆400克/鸡胸肉100克/青豆、西蓝花、枸杞子各少许/葱段、姜片各5克/精盐、味精、白糖各少许/胡椒粉1/2小匙/白葡萄酒、牛奶各4大匙/水淀粉2小匙

-制 作

1. 土豆洗净，放入清水锅内煮熟，取出晾凉，剥去外皮A，压成土豆泥B，加入精盐、味精、牛奶搅拌均匀。
2. 把土豆泥放在容器内，用平铲轻轻抹平，点缀上焯熟的西蓝花。
3. 葱段、姜片、鸡胸肉放入搅拌机中C，加入清水、胡椒粉、白葡萄酒、白糖、精盐和味精，中速打碎成鸡汁。
4. 把鸡汁放入烧热的锅内煮沸，撇去浮沫和杂质。
5. 加入青豆和枸杞子D，用水淀粉勾芡，出锅浇在土豆泥上E即可。

香菇菜心汤

TIME / 15分钟　口味：鲜咸味

-原 料

鲜香菇5朵 / 青菜心3棵 / 花椒15粒 / 精盐、酱油各2小匙 / 味精1小匙 / 水淀粉4小匙 / 香油3大匙 / 高汤500克

-制 作

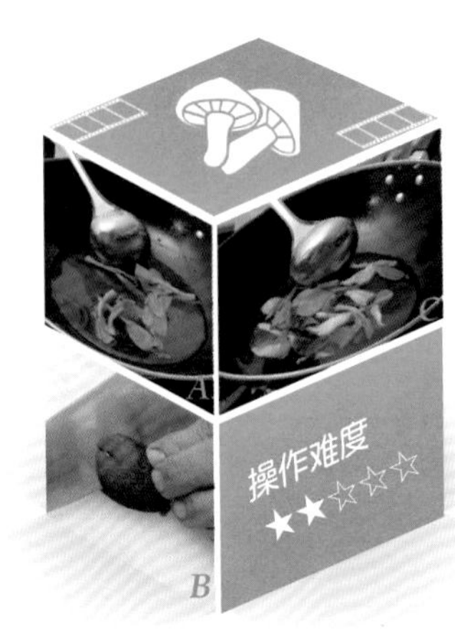

1. 青菜心择洗干净，放入沸水锅中焯烫一下Ⓐ，捞出、过凉，切成3厘米长的段；鲜香菇去蒂Ⓑ，洗净，切成薄片，放入沸水锅中焯烫一下，捞出沥水。

2. 锅中加入高汤、酱油、精盐，放入香菇片和青菜段烧沸Ⓒ，加入味精，用水淀粉勾芡，倒入汤碗中。

3. 锅中加入香油烧至五成热，放入花椒炸至黑色，捞出花椒不用，把热花椒油倒入汤碗中即可。

-原 料——

芋头300克/豌豆粒100克/鸡胸肉50克/鸡蛋1个/葱段、姜片各10克/精盐、胡椒粉各1小匙/料酒2小匙/水淀粉1大匙/植物油2大匙

-制 作——

1. 芋头洗净，入锅蒸30分钟至熟，取出去皮，切成滚刀块；鸡胸肉切小块A，放入粉碎机中，加入葱段、姜片、鸡蛋、料酒、胡椒粉、适量清水打成鸡汁B。

2. 锅置火上，加入植物油烧热，倒入鸡汁不停地搅炒均匀，放入芋头块C，加入精盐炖煮5分钟。

3. 放入豌豆粒烩至断生，用水淀粉勾芡，加入胡椒粉推匀，倒入砂煲中，置火上烧沸，原锅上桌即可。

三鲜冬瓜汤

-原 料——

冬瓜500克／海带(鲜)100克／淡菜(鲜)30克／去核红枣30克／葱段25克／姜片15克／料酒1大匙／精盐1小匙／味精2小匙／植物油适量

-制 作——

1. 淡菜用温水洗净，去掉杂质，放在锅内，加上少许清水、料酒、葱段、姜片，用中火煮至酥烂，取出；海带切成菱形块Ⓐ；冬瓜去皮、籽，切成小块。

2. 净锅置火上，放入植物油烧热，放入冬瓜块、海带块略炒一下Ⓑ。

3. 加入去核红枣和适量沸水，用中火煮30分钟，放入淡菜及原汤，烧沸后加上味精、精盐调味即可。

-原 料——

梅干菜、猪肉各100克/番茄2个/葱花15克/姜1片/精盐、胡椒粉、香油各1小匙/淀粉、生抽各2小匙/米酒5小匙/植物油适量

-制 作——

1. 梅干菜用清水泡好，洗净；番茄去蒂，洗净，切成小块A；猪肉洗净，切成薄片B，加入少许精盐、生抽、胡椒粉和淀粉拌匀、略腌。

2. 锅中加入植物油烧热，下入姜片和猪肉片炒香C，加入米酒、适量清水烧沸。

3. 放入番茄块和梅干菜煮至熟烂，加入精盐、生抽调味，撒上葱花，淋入香油，出锅装碗即可。

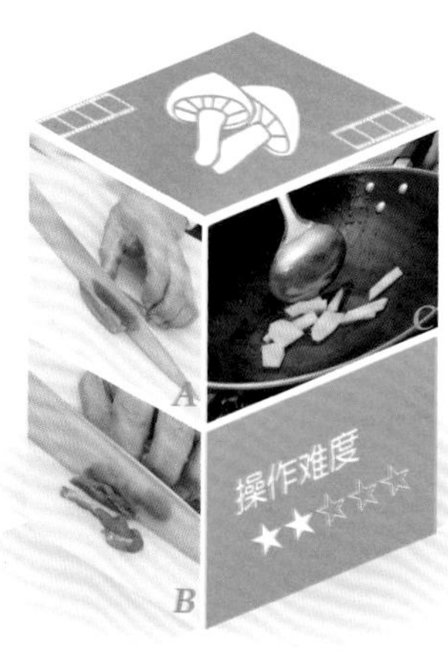

-原 料

猪排骨500克/虫草花适量/甜玉米段50克/芡实20克/枸杞子10克/大葱15克/姜块10克/精盐2小匙/味精1小匙

-制 作

1. 姜块去皮，洗净，切成小片Ⓐ；虫草花洗涤整理干净，切成小块；芡实洗净；枸杞子洗净，用清水浸泡Ⓑ。
2. 将猪排骨放入清水中浸洗干净，沥干水分，剁成小段Ⓒ。
3. 锅中加入适量清水，放入猪排骨段焯烫一下Ⓓ，捞出沥水。
4. 取电紫砂锅，放入葱段、姜片、猪排骨段、甜玉米、芡实、虫草花，加入适量清水Ⓔ，盖上砂锅盖。
5. 按下养生键，用中温炖煮至排骨块熟香，加上精盐、味精调好口味，出锅装碗即成。

虫草花龙骨汤

口味：鲜咸味

原 料

草菇、白玉菇、滑子蘑、口蘑、冬菇各50克／枸杞子、人参片各5克／葱花、姜片各10克／精盐、鸡汁各1/2小匙／蘑菇精1小匙／胡椒粉少许／鸡汤500克／熟鸡油1大匙

制 作

1. 草菇、白玉菇、滑子蘑、口蘑、冬菇去蒂，洗净，切成小块Ⓐ，放入沸水锅内焯烫一下，捞出、过凉，沥水。
2. 净锅加入熟鸡油烧热，下入葱花、姜片炒香Ⓑ，放入草菇、白玉菇、滑子蘑、口蘑、冬菇煸炒出香味。
3. 添入鸡汤，放入人参片烧沸，加入精盐、鸡汁、蘑菇精烧沸Ⓒ，转小火煲约15分钟，加入胡椒粉调匀，撒上枸杞子，即可出锅装碗。

山药排骨汤

-原 料

猪排骨1块（约400克）/山药100克/胡萝卜20克/姜片5片/八角1粒/精盐、鸡精各1/2小匙/料酒2大匙

-制 作

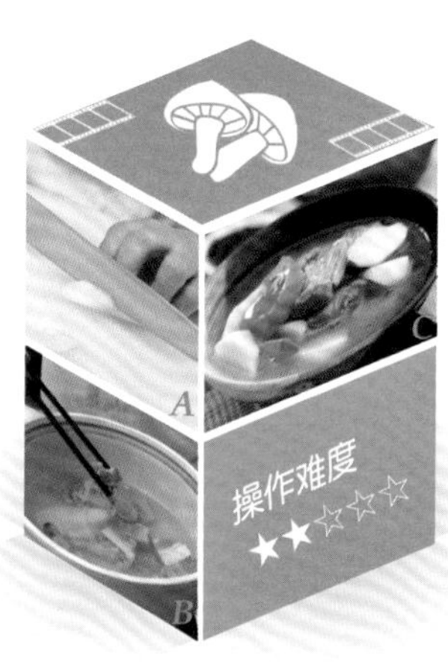

1. 猪排骨洗净，剁成小段，放入清水锅中烧沸，焯烫一下，捞出、沥水；山药、胡萝卜分别去皮，洗净，均切成滚刀块A。

2. 砂锅置火上，加入适量清水、料酒，放入姜片、八角、排骨段烧沸，转小火煮约1小时。

3. 放入山药块、胡萝卜块，加入精盐、鸡精，再沸后转小火煮至山药、胡萝卜熟透B，出锅装碗即可。

-原 料

冻豆腐250克/黄蚬子200克/胡萝卜50克/油菜25克/葱段、姜片各15克/精盐、胡椒粉、味精、香油各少许/熟猪油1大匙/清汤适量

-制 作

1. 冻豆腐解冻Ⓐ，攥净水分Ⓑ，切成小块；胡萝卜去皮，洗净，切成大片；油菜去根和老叶；洗净，黄蚬子用淡盐水浸泡，再换清水刷洗干净。

2. 净锅置火上，加上熟猪油烧热，下入葱段、姜片炝锅，倒入清汤煮沸，捞出葱段、姜片不用，放入冻豆腐、黄蚬子、胡萝卜片稍煮。

3. 撇去表面的浮沫，加上油菜、精盐、胡椒粉和味精调好汤汁口味，淋上香油，出锅装碗即成。

-原 料——

猪蹄1只/豆腐(切小块)150克/丝瓜块、鲜香菇各100克/红枣5枚/枸杞子10克/姜片15克/精盐、味精、胡椒粉各1小匙/香油适量

-制 作——

1. 猪蹄去除残毛，洗净，从中间劈成两半，剁成大块，放入清水锅内焯烫一下Ⓐ，捞出冲净，沥水。

2. 锅中加入适量清水，放入猪蹄块、姜片煮沸，转小火煮1小时至熟烂，捞出姜片。

3. 放入香菇、豆腐块、丝瓜块、红枣、枸杞子续煮约15分钟Ⓑ，撇去浮沫，加入精盐、味精、胡椒粉调味Ⓒ，出锅盛入汤碗内，淋上香油即可。

猪蹄瓜菇汤

TIME / 90分钟

口味：鲜咸味

参须枸杞炖老鸡

TIME / 75分钟

口味：鲜咸味

-原 料——

净老母鸡1只(约1000克)/人参须15克/枸杞子10克/葱段25克/姜块15克/精盐2小匙/料酒1大匙

-制 作——

1. 姜块洗净，切成片Ⓐ；人参须用清水浸泡并洗净；枸杞子洗净；老母鸡洗净，剁去爪尖，把鸡腿别入鸡腹中Ⓑ。
2. 净锅置火上，加入清水烧沸，放入老母鸡焯烫一下，捞出沥水Ⓒ。
3. 砂锅置火上，加入适量清水烧沸，放入老母鸡，加入葱段、姜块、料酒。
4. 加入洗好的人参须和枸杞子，用旺火烧沸，撇去浮沫，盖上砂锅盖。
5. 转小火炖约40分钟至母鸡肉熟烂并出香味Ⓓ，加入精盐调好汤汁口味Ⓔ，原锅直接上桌即可。

-原 料

羊肉400克／茼蒿、豆腐各200克／鸡蛋黄1个／蟹肉棒、鱼丸、鱼糕、炸鹌鹑蛋各50克／青蒜2棵／沙茶酱5小匙／酱油1大匙／米酒2大匙／五香粉4小匙

-制 作

1. 豆腐洗净，切成小块Ⓐ；青蒜洗净，切成片；蟹肉棒、茼蒿均切成段；鸡蛋黄加入沙茶酱调匀成酱汁。
2. 锅中加入适量清水煮沸，放入羊肉、酱油、米酒、五香粉炖1小时Ⓑ，捞出羊肉、晾凉，切成片。
3. 将豆腐块、蟹肉棒、鱼丸、鱼糕、炸鹌鹑蛋放入锅中煮沸，出锅盛入煲中，加入茼蒿段、羊肉片及青蒜煮沸，食用时蘸蛋黄沙茶酱汁即可。

-原 料——

净墨鱼200克/鲜香菇片75克/炸豆泡25克/鸡蛋1个/柠檬片少许/葱段、姜片、蒜瓣(拍碎)各10克/精盐1小匙/味精、胡椒粉各少许/泡椒末2小匙/面粉、醪糟、植物油各1大匙

-制 作——

1. 净墨鱼切成小块,放入搅拌器中,加入精盐和少许葱段、姜片,磕入鸡蛋,加入面粉搅打成墨鱼糊A。
2. 锅内加入植物油烧热,下入葱段、姜片和蒜瓣炝锅,加入泡椒末、醪糟、柠檬片、适量清水煮沸B。
3. 转中小火炖10分钟,放入鲜香菇片,把墨鱼糊挤成小丸子,放入锅中煮10分钟,加上炸豆泡、味精、胡椒粉稍煮片刻至浓香入味C,出锅倒入汤碗中即可。

酸辣墨鱼豆腐煲

TIME / 30分钟 口味:酸辣味

-原 料

鹌鹑4只 / 鲜人参1根 / 枸杞子15克 / 桂圆肉5克 / 精盐、味精、白糖各1小匙 / 鸡精1/2小匙 / 鸡汤1500克

-制 作

1. 将鹌鹑宰杀，洗涤整理干净，放入清水锅中烧沸，焯烫一下Ⓐ，捞出、冲净；人参刷洗干净。

2. 取一大炖盅，加入鸡汤，放入鹌鹑、鲜人参、枸杞子、桂圆肉Ⓑ，盖严盅盖。

3. 放入蒸锅中蒸约1.5小时，取出，加入精盐、味精、鸡精、白糖调好口味，即可上桌食用。

-原 料——

丝瓜1根/海米25克/鸭蛋1个/精盐、味精、香油、植物油各少许

-制 作——

1. 将鸭蛋磕入碗中，用筷子搅打均匀成鸭蛋液Ⓐ；丝瓜削去外皮，去掉瓜瓤，洗净，切成坡刀块Ⓑ；海米洗净杂质。

2. 净锅置火上，加入植物油烧热，下入海米炒香，下入丝瓜块稍炒Ⓒ，再加入清水煮沸。

3. 慢慢淋入鸭蛋液煮至定浆，加入精盐、味精调味，淋入香油，出锅装碗即可。

-原 料——

鲈鱼1条(约600克)/苦瓜150克/枸杞子少许/鸡蛋2个/大葱、姜块各15克/精盐、味精各2小匙/料酒1大匙/香油、植物油各3大匙

-制 作——

1. 苦瓜去掉瓜瓤，用清水洗净，切成薄片Ⓐ；姜块去皮，洗净，切成小片；大葱择洗干净，切成小段。
2. 鲈鱼去掉鱼鳞、鱼鳃和内脏，洗净，在表面剞上花刀Ⓑ，放入热油锅内煎上颜色Ⓒ，取出。
3. 锅中留底油，复置火上烧热，加入葱段、姜片煸香。
4. 淋入鸡蛋煎好Ⓓ，加入适量清水，再放入煎好的鲈鱼烧沸。
5. 加入料酒，用旺火炖至熟嫩Ⓔ，加入精盐、味精调味，放入苦瓜片、枸杞子调匀，淋入香油，出锅装碗即可。

苦瓜鲈鱼汤

口味：鲜咸味

-原 料——

豆腐400克/水发发菜100克/番茄50克/冬笋、鲜蘑菇各25克/精盐、料酒各1/2小匙/味精少许/水淀粉2小匙/植物油2大匙

-制 作——

1. 将豆腐洗净，切成三角片，放入沸水锅中焯烫一下，捞出；番茄去蒂、洗净，切成小片；冬笋、鲜蘑菇分别洗净，切成小片A。

2. 锅置火上，加入植物油烧至八成热，先下入冬笋片、蘑菇片炒熟B，再放入水发发菜，烹入料酒。

3. 加入清水，放入豆腐片、番茄片煮5分钟，加入精盐、味精、料酒调味，用水淀粉勾薄芡，出锅装碗即成。

-原 料

豆腐1块/水发香菇100克/香菜段50克/泡山椒35克/泡辣椒25克/蒜末50克/葱花、姜末各15克/精盐1大匙/味精2小匙/胡椒粉5小匙/植物油、泡椒油、鲜汤各适量

-制 作

1. 豆腐洗净，切成片Ⓐ，放入热油锅中炸至淡黄色Ⓑ，捞出沥油；泡辣椒剁成蓉；水发香菇切成小块。
2. 锅中加油烧热，下入葱花、姜末、蒜末炸香，放入少许泡辣椒蓉、泡山椒末煸香，放入香菇块、鲜汤、豆腐片、精盐、味精、胡椒粉炖5分钟，盛入汤碗中。
3. 净锅置火上，加入泡椒油烧热，放入泡辣椒蓉、泡山椒炒至油红，倒在豆腐碗中，撒上香菜段即成。

-原 料——

虾仁150克／鸡头米（芡实）100克／豌豆50克／鸡蛋清1个／葱末、姜末各5克／精盐、淀粉各2小匙／味精、胡椒粉各1/2小匙／水淀粉1大匙／植物油适量

-制 作——

① 虾仁去除虾线Ⓐ，加入少许精盐、味精、胡椒粉、鸡蛋清、淀粉拌匀Ⓑ，放入沸水锅内焯至变色，取出。

② 鸡头米用清水浸泡30分钟，再放入清水锅中烧沸，转小火煮20分钟，取出。

③ 锅中加入植物油烧热，下入葱末、姜末炒香，加入清水、精盐、味精、胡椒粉调好口味，放入豌豆煮沸，用水淀粉勾芡，放入鸡头米、虾仁稍煮Ⓒ即可。

-原 料——

净草鱼1条(约1000克)/金针蘑200克/鸡蛋清1个/葱段50克/花椒30克/老姜片20克/精盐、味精、鸡精、胡椒粉、淀粉、料酒、植物油、清汤各适量

-制 作——

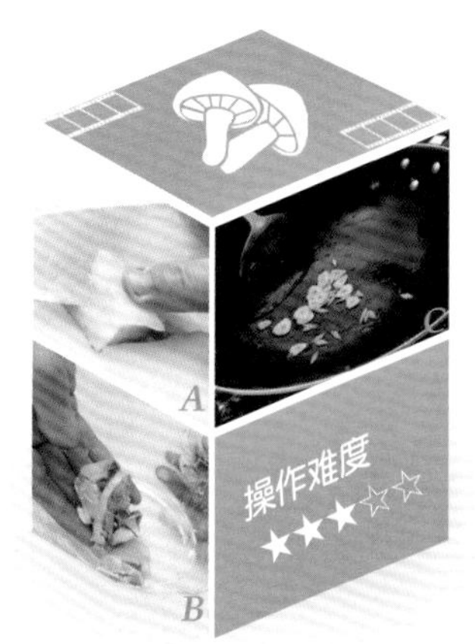

1. 草鱼取净鱼肉,片成大片A,放入容器中,加入料酒、鸡蛋清、淀粉拌匀、上浆B。

2. 金针蘑去根,洗净,放入沸水锅中略煮,捞出、沥水,放入大碗内垫底。

3. 锅中加油烧热,下入姜片、葱段、花椒爆锅C,加入清汤、精盐、鸡精、味精、胡椒粉烧沸,放入鱼肉片汆烫至熟,出锅倒入金针蘑碗中即可。

-原 料——

大黄鱼1条（约750克）/雪里蕻、冬笋肉各50克/葱段、姜片各10克/精盐、味精各1小匙/胡椒粉少许/料酒2大匙/植物油3大匙

-制 作——

1. 大黄鱼洗涤整理干净，去头，在尾部两面肉厚处各剞几刀Ⓐ；雪里蕻洗净，切成5厘米长的小段Ⓑ；冬笋肉洗净，切成小薄片。
2. 锅中加入植物油烧至六成热，下入大黄鱼煎至上色，烹入料酒，放入葱段、姜片、雪里蕻和冬笋肉。
3. 加入适量清水煮20分钟，拣去葱姜不用，加入精盐、味精、胡椒粉调好口味，出锅装碗即可。

Part 5
最具人气主食小吃

茶香炒饭

TIME / 25分钟

口味：茶香味

-原 料——

大米饭400克/虾仁150克/黄瓜25克/青豆15克/龙井茶10克/鸡蛋3个/大葱15克/精盐2小匙/胡椒粉少许/植物油适量

-制 作——

1. 将龙井茶放入茶杯内，倒入适量的沸水浸泡成茶水，捞出茶叶；大葱洗净，切成葱花。
2. 虾仁去掉虾线，攥干水分，从虾背部切开A；大米饭放入容器中，加入鸡蛋液拌匀B；黄瓜洗净，切成小丁。
3. 净锅置火上，加入植物油烧至五成热，放入虾仁煸炒出香味C，盛出。
4. 原锅复置火上，加入植物油烧至六成热，放入调拌好的大米饭D，用旺火翻炒片刻，加上精盐和胡椒粉。
5. 放入青豆、黄瓜丁、葱花、虾仁翻炒均匀E，撒上茶叶，出锅盛入大碗中，淋上龙井茶水即可。

-原 料—

大米150克/熟鸡肉丝100克/干贝50克/水发香菇、油条粒各少许/葱花、精盐、味精、胡椒粉、香油各适量

-制 作—

1. 干贝除去硬筋，冲洗干净，放入碗中，加入少许开水，入笼蒸10分钟，取出、晾凉，撕碎；蒸干贝的原汁留用；水发香菇洗净Ⓐ，切成细丁。

2. 锅中加入清水烧沸，下入淘洗干净的大米Ⓑ、香菇煮沸，改用小火熬煮至粥浓米烂。

3. 下入干贝及原汁、熟鸡肉丝烧沸，加入精盐、味精、香油、胡椒粉，盛入碗内，撒上葱花、油条粒即成。

-原 料

面条300克/西红柿块100克/黄瓜片50克/水发木耳25克/鸡蛋1个/精盐1小匙/味精1/2小匙/白糖、料酒各2小匙/水淀粉2大匙/植物油适量

-制 作

1. 鸡蛋加入料酒搅匀，放入热油锅中略炒Ⓐ，放入西红柿块、水发木耳、精盐、味精、白糖、清水烧沸，用水淀粉勾芡Ⓑ，出锅装碗，放入黄瓜片成鸡蛋西红柿卤。
2. 锅中加入清水烧沸，放入面条煮熟Ⓒ，捞出、过凉，装入碗中，再加入少许植物油搅拌均匀。
3. 锅中加入植物油烧热，放入面条煎至两面焦黄，出锅装盘，浇入鸡蛋西红柿卤，即可上桌食用。

番茄蛋煎面

黑糯米红绿粥

-原 料——

黑糯米150克 / 绿豆、红豆各100克 / 老姜片25克 / 冰糖100克

-制 作——

1. 将黑糯米、绿豆、红豆分别淘洗干净Ⓐ，用清水浸泡6小时Ⓑ。

2. 锅中加入适量清水，放入黑糯米、红豆、绿豆、老姜片煮沸，再改用小火煮约60分钟。

3. 待米烂成粥，捞出姜片不用，加入冰糖煮至溶化Ⓒ，出锅装碗即成。

-原 料——

鲫鱼1条(约250克)/玉米粒150克/葱白25克/姜末15克/精盐、料酒各1小匙/味精1/2小匙/香醋、香油各1大匙

-制 作——

1. 玉米粒去除杂质，用清水浸泡涨发Ⓐ，反复淘洗干净；鲫鱼洗涤整理干净Ⓑ，去骨，取净鱼肉。
2. 坐锅点火，放入鲫鱼、料酒、葱白、姜末、香醋、精盐和适量清水煮沸。
3. 转小火将鱼肉煮至熟烂，用汤筛过滤，去渣留汁，下入玉米粒煮至粥成，撒入味精，淋入香油调匀，出锅装碗即可。

-原 料

面粉400克/芹菜碎、鸡肉末各100克/干香菇30克/鸡蛋1个/葱末、姜末各20克/精盐2小匙/味精1小匙/料酒1大匙/香油4小匙

-制 作

1. 干香菇放入粉碎机中打成粉状Ⓐ，放入碗中，加入开水调匀成香菇酱。
2. 鸡肉末加入葱末、姜末、鸡蛋、香油、精盐、味精拌匀Ⓑ，再放入香菇酱、芹菜末，加入料酒搅匀成馅料Ⓒ。
3. 面粉放入盆中，加入适量清水调匀，揉搓均匀成面团，饧约10分钟。
4. 将面团放在案板上，搓成长条状，每15克下一个面剂，擀成面皮，放上适量馅料Ⓓ，捏成半月形饺子。
5. 锅中加入清水和少许精盐煮沸，放入饺子煮熟Ⓔ，捞出装盘即成。

芹菜鸡肉饺

口味：鲜咸味

-原 料

糯米稀粥250克／雪梨1个／青瓜(黄瓜)1条／山楂糕1块／冰糖1大匙

-制 作

1. 雪梨削去果皮，去掉果核，用清水洗净，切成小块Ⓐ；青瓜刷洗干净，沥净水分，切成小条；山楂糕切成小条Ⓑ。
2. 锅置火上，倒入糯米稀粥烧煮沸，先下入雪梨块、青瓜条和山楂条稍煮。
3. 加入冰糖搅拌均匀，煮至完全溶化，离火出锅，盛放在碗内即成。

中式猪排盖饭

TIME / 25分钟　口味：鲜咸味

-原 料——

大米饭300克/猪排200克/甜豌豆、胡萝卜片各25克/白菜条少许/葱花、姜末、蒜末、八角、花椒、五香粉、米酒、白糖、酱油、植物油各适量

-制 作——

1. 甜豌豆、白菜条、胡萝卜片放入沸水锅内略焯Ⓐ，捞出沥水；猪排加上葱花、姜末、蒜末、五香粉、米酒、白糖、酱油拌匀Ⓑ，下入油锅内煎上色，取出。
2. 锅中加入清水、八角、花椒、白糖、酱油煮5分钟成卤汁，放入猪排卤10分钟至熟烂入味Ⓒ，捞出猪排。
3. 大米饭扣在盘内，放上猪排、白菜条、豌豆、胡萝卜片，浇上少许卤汁即可。

-原 料——

牛肉末500克／面粉250克／鸡蛋1个／葱花、姜末各25克／十三香2小匙／味精、豆瓣酱、甜面酱各1小匙／酱油3大匙／香油4小匙／植物油适量

-制 作——

1. 牛肉末加入鸡蛋、酱油、甜面酱、豆瓣酱、十三香、香油、味精、姜末和葱花拌匀Ⓐ，静置20分钟成馅料。
2. 面粉放入盆中，先用少许沸水烫一下，加入适量温水和匀成面团Ⓑ，饧发30分钟成面团，面团揉搓均匀，下成剂子，按扁后包入馅料Ⓒ，擀成圆饼状。
3. 平底锅置火上，加入植物油烧热，放入肉饼烙熟，取出，切成三角块，装盘上桌即可。

-原 料——

豆花150克／面条100克／红苕粉20克／酥花生碎15克／油酥黄豆、腌大头菜各5克／葱花、花椒粉各少许／酱油2大匙／红油辣椒、芝麻酱各2小匙

-制 作——

1. 红苕粉放入碗中，加入少许清水泡透，搅匀成红苕粉汁Ⓐ；芝麻酱、酱油放入小碟调散，加入花椒粉、红油辣椒调匀Ⓑ；腌大头菜洗净，切成小粒。
2. 锅中加入清水烧沸，慢慢倒入红苕粉汁，轻轻搅匀成浓汁Ⓒ，再舀入豆花烧沸，转微火保温。
3. 面条煮熟，捞出、装碗，舀上豆花，撒上酥花生碎、油酥黄豆、大头菜粒、葱花，带麻酱味碟上桌。

焖炒蛋饼

TIME / 25分钟

-原 料

面粉250克/胡萝卜1根/韭菜60克/黄豆芽50克/鸡蛋2个/蒜末5克/精盐1小匙/味精、胡椒粉各1/2小匙/酱油2小匙/米醋、料酒各1大匙/植物油2大匙

-制 作

1. 鸡蛋磕入小盆中，加入面粉、少许精盐和适量清水调成糊状A。
2. 平底锅置火上，加入少许植物油烧热，倒入面糊烙成鸡蛋饼B，取出，切成丝C。
3. 胡萝卜去皮，洗净，切成丝D；韭菜洗净，切成小段；黄豆芽漂洗干净。
4. 锅置火上，加入植物油烧热，放入胡萝卜丝、黄豆芽炒匀，加入精盐、酱油、料酒、胡椒粉、少许清水炒匀。
5. 转小火焖1分钟，放入蛋饼丝、韭菜段、蒜末，淋入米醋E，加入味精翻炒均匀，出锅装盘即可。

海带肉丝面

TIME / 25分钟　口味：鲜咸味

-原 料

刀切面条150克 / 水发海带、牛肉各75克 / 菠菜段50克 / 海米20克 / 葱丝、姜丝、精盐、味精、泡打粉、胡椒粉、料酒、酱油、水淀粉、鲜汤、植物油各适量

-制 作

1. 水发海带入蒸锅蒸至软烂，取出，切成细丝；牛肉洗净，切成丝Ⓐ，用泡打粉拌匀，再用水淀粉上浆；刀切面条入沸水中煮至熟Ⓑ，捞入、冲凉。
2. 锅中加油烧热，放入葱丝、姜丝、牛肉丝炒至变色，加上料酒、酱油、鲜汤、精盐、胡椒粉煮沸。
3. 下入海米、海带丝、菠菜段稍煮2分钟，下入刀切面条、味精煮匀，出锅装碗即成。

-原 料——

面粉、淀粉各200克/黄瓜丝、烤麸条、黄豆芽各少许/蒜泥15克/精盐、白糖各1/2小匙/芝麻酱3大匙/陈醋4小匙/芥末油少许/植物油、辣椒油各适量

-制 作——

1. 淀粉、面粉放入盆中，加入清水调匀成糊状A，倒入烧热的清水锅内搅炒均匀至熟，出锅倒入抹油的深盘中，入锅蒸至熟，取出晾凉成酿皮，切成薄片B。
2. 蒜泥放在碗内，浇入热油炸出香味，加入芝麻酱、陈醋、白糖、精盐、芥末油调匀成味汁。
3. 酿皮片放入大盘中，放入黄瓜丝、烤麸条、烫熟的黄豆芽，浇上味汁，淋入辣椒油C即可。

简单酿皮

TIME / 40分钟

口味：鲜辣味

菠菜汤面

-原 料——

玉米面条200克／熟猪五花肉75克／菠菜50克／水发木耳20克／葱末、姜末、酱油各10克／精盐1小匙／味精1/2小匙／猪骨汤400克／香油2小匙／植物油3大匙

-制 作——

1. 熟猪五花肉切成大薄片Ⓐ；菠菜、水发木耳分别择洗干净，菠菜切成小段，水发木耳撕成小片。

2. 锅中加上植物油烧热，下入葱末、姜末炝锅，下入五花肉片炒出油，加入酱油、猪骨汤、精盐、木耳烧沸，下入菠菜段、味精煮匀，出锅装汤碗。

3. 锅中加上清水煮沸，下入玉米面条煮熟Ⓑ，捞入菠菜汤碗内，再淋上香油即成。

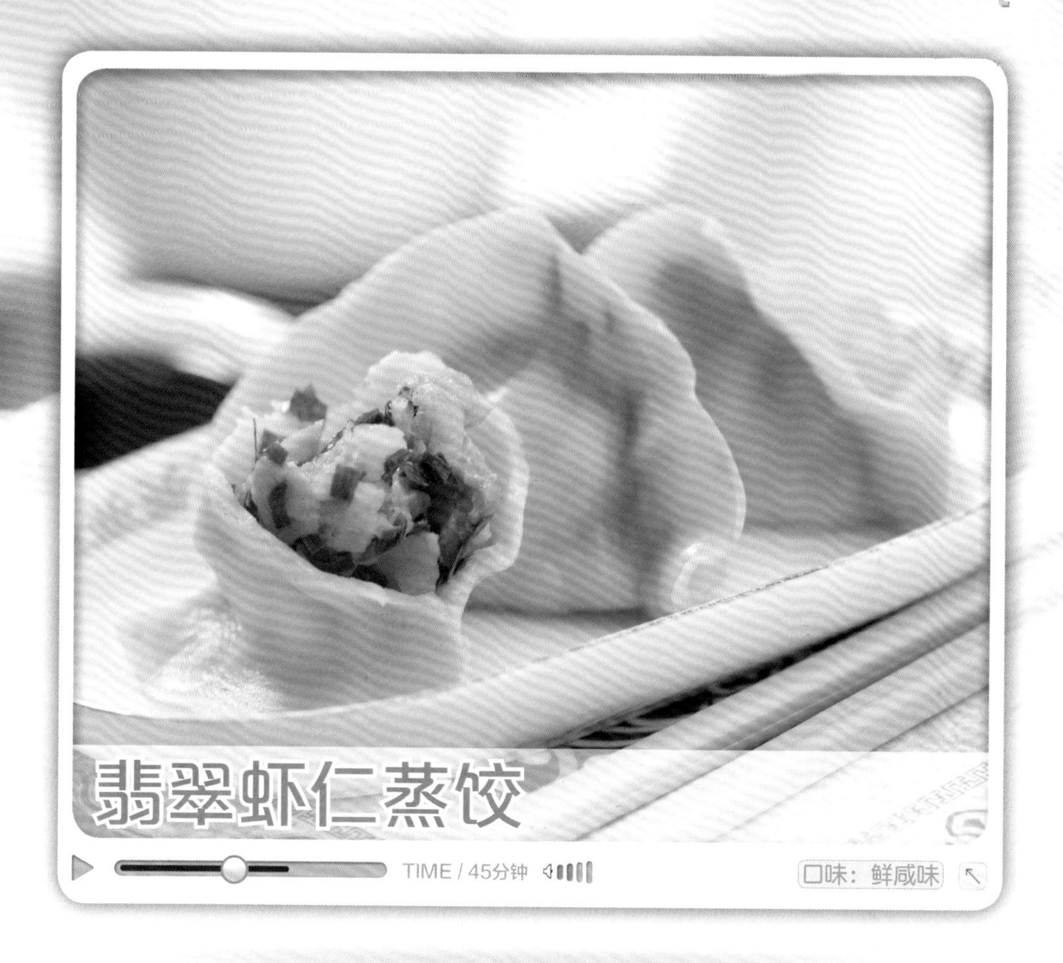

-原 料——

面粉500克／猪肉末300克／虾仁粒150克／韭菜末100克／菠菜汁3大匙／精盐、味精各1小匙／料酒、酱油、香油各2小匙／植物油2大匙

-制 作——

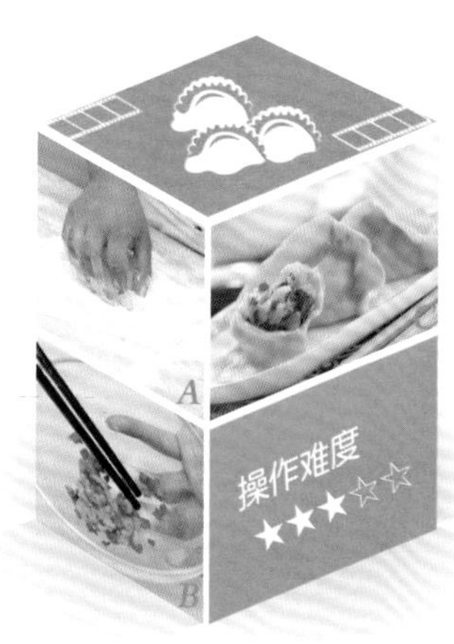

1. 1/2的面粉放在容器内，加入沸水略烫一下，再加入绿菠菜汁和另外一半的面粉和成面团A，略饧。

2. 把猪肉末、虾仁粒放入容器内，加入所有调料调匀，再放入韭菜末拌匀成馅料B。

3. 面团搓成长条，揪成剂子，按扁擀成小圆皮，抹上馅料，合拢收口，捏成月牙形饺子生坯，摆入蒸锅内，用旺火足汽蒸8分钟至熟，取出装盘即成。

-原 料——

面粉400克/韭菜250克/鸡蛋4个/酵母粉5克/姜块15克/精盐2小匙/味精1小匙/香油1大匙/植物油2大匙

-制 作——

1. 面粉放在容器内Ⓐ，加上酵母粉拌匀Ⓑ，再放入清水和匀成面团Ⓒ，用湿布盖严，饧40分钟成发酵面团。

2. 鸡蛋磕在大碗内，加上少许精盐拌匀成鸡蛋液Ⓓ，下入热油锅内煸炒至熟Ⓔ，取出、晾凉，剁碎。

3. 韭菜去根和老叶，洗净，切成碎末；姜块去皮，洗净，切成末

4. 鸡蛋碎、韭菜末放在容器内，加上姜末、精盐、味精、香油和少许植物油拌匀成馅料。

5. 发酵面团搓成长条，每50克下一面剂，擀成圆皮，包入馅料成包子生坯，放入蒸锅内蒸熟，出锅即成。

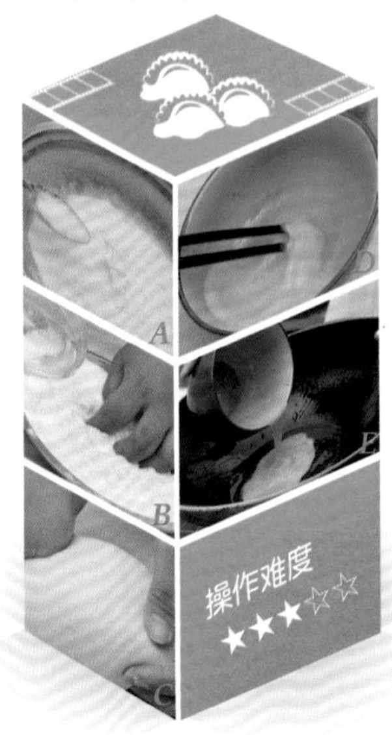

韭菜鸡蛋包

口味：鲜咸味

-原 料——

荞麦面300克／高筋面粉100克／猪瘦肉200克／芹菜、茄子、青椒各75克／葱末、姜末各10克／料酒、酱油、精盐、味精、十三香粉、泡打粉、高汤、香油各适量

-制 作——

1. 荞麦面、高筋面粉各一半放入容器内拌匀Ⓐ，加入沸水烫匀，加凉水和剩下的另一半面和成面团。

2. 芹菜、青椒切成末，挤去水分Ⓑ；茄子去皮，切成末，挤去水分；猪瘦肉剁成细末；猪肉末内加入所有调料搅匀上劲，再加入配料拌匀成馅料。

3. 面团搓成长条，揪成剂子，擀成薄皮，包入馅料，捏成饺子坯，摆入蒸锅内，用旺火蒸至熟，取出即成。

碧绿蒸饺

-原 料——

面粉500克/菠菜汁250克/虾仁粒200克/猪肉末150克/葱花、姜末、胡椒粉、香油各少许/精盐、酱油各1大匙/味精1小匙

-制 作——

1. 虾仁粒、猪肉末放入碗内，加入葱花、姜末、精盐、酱油、胡椒粉、味精、香油搅匀成馅料Ⓐ。
2. 面粉加入菠菜汁和少许清水调匀Ⓑ，揉成面团，稍饧，分成大块，搓成长条状，每50克下8个面剂。
3. 面剂擀成圆片，包入馅料，捏成半月形饺子状Ⓒ，放入旺火沸水蒸锅内蒸8分钟至熟，取出装盘即可。

-原 料——

黄米面、红小豆各500克/玉米面、苏子叶各150克/白糖150克

-制 作——

1. 红豆洗净Ⓐ，放入清水锅中煮烂，取出放入容器内捣烂成泥，加入白糖拌匀成馅料Ⓑ；黄米面、玉米面加入热水和成面团，盖上湿布，发酵成发酵面团。

2. 发酵面团揉成长条状，揪成面剂，放在手掌上，压成圆饼状，包入豆沙馅料，封口后团成豆包生坯Ⓒ。

3. 苏子叶铺在笼屉上，整齐地码入豆包生坯，稍饧10分钟，放入蒸锅内，用沸水旺火蒸30分钟至豆包熟透，取出晾凉，与白糖一同上桌蘸食即可。

-原 料—

发酵面团400克／羊腿肉200克／葱末10克／姜汁、精盐各2小匙／酱油1小匙／味精少许／植物油2小匙

-制 作—

1. 羊腿肉剔去筋膜，洗净血污，沥净水分，剁成末，放入大碗内，加入葱末、姜汁、精盐、酱油、味精和少许清水，搅匀成馅料A。
2. 发酵面团放在案板上，揉搓成长条B，揪成小面剂，按扁成圆形面皮，包入馅料，捏严收口成生坯。
3. 平底锅烧热，加入植物油，放入包子生坯，中火煎至两面金黄发脆、熟透，出锅装盘即成。

马蹄糕

DVD

TIME / 75分钟

口味：香甜味

-原 料—

马蹄（荸荠）250克／绿豆淀粉适量／蜂蜜、香油、植物油各少许

-制 作—

1. 马蹄削去外皮，洗净，切成薄片；绿豆淀粉加入适量的清水搅匀，静置20分钟。
2. 锅置火上，加入半锅清水烧沸，慢慢淋入绿豆淀粉并不停地搅动Ⓐ，再转小火熬至浓稠状时Ⓑ。
3. 放入马蹄片搅拌至上劲成糊状Ⓒ，出锅倒入抹有少许香油的容器中，晾凉后取出，切成长方形块Ⓓ。
4. 平底锅置火上，加入植物油烧热，放入马蹄糕块，旺火煎至两面呈淡黄色Ⓔ，出锅装盘，淋上蜂蜜即可。

-原 料

发酵面团450克 / 豆沙馅350克 / 食用红色素少许 / 食用碱水1小匙

-制 作

1. 发酵面团加入食用碱水揉透，稍饧后搓成长条，揪成10个小面剂Ⓐ，逐一按扁，包入适量豆沙馅料Ⓑ，收口捏拢成包子生坯。

2. 包子生坯放入蒸笼内蒸熟，取出，趁热剥去外皮，用剪刀自下而上剪出一层层叶瓣直至中心。

3. 剪时上面一瓣叶子必须在下面二瓣的当中，在顶部中心刷上少许红色素，装盘上桌即可。

-原 料——

大米饭、糯米饭各200克／即食奶酪50克／西餐火腿40克／洋葱、西红柿各25克／青椒20克／鸡蛋1个／精盐少许／沙拉酱4小匙／番茄酱、黄油各1大匙／植物油适量

-制 作——

1. 西餐火腿切成小条；洋葱切成小片；青椒切成丝；黄油切成小块；西红柿切成小瓣；即食奶酪切成丝。
2. 圆盘涂抹上植物油，放上大米饭、糯米饭铺平A，倒入鸡蛋抹平B，放入煎锅内，煎锅边缘倒入植物油，用小火慢煎C，均匀地抹上番茄酱，撒上精盐略煎。
3. 放上火腿条、洋葱片、青椒丝、奶酪丝、黄油片、西红柿瓣、沙拉酱，盖上锅盖煎6分钟至熟即成。

酿馅烧饼

TIME / 40分钟　口味：香甜味

-原 料

面粉500克／豆沙馅250克／食用红色素3克／熟猪油175克

-制 作

1. 面粉250克用熟猪油125克搓成干油酥面Ⓐ；余下的面粉、熟猪油加入温水和成水油面。
2. 用水油面皮包入油酥面，擀成大薄片，由上往下卷成卷，揪成10个大小均匀的剂子、按扁Ⓑ，每个剂子包入豆沙馅25克，按成圆饼坯。
3. 在饼坯上面用刀划成三角形，在三角形里面划4刀成米字形，深至见馅，在中间点上几点食用红色素，摆入烤盘，放入烤箱烤15分钟，取出即成。

-原 料——

面粉400克/酵面50克/食用碱、白糖、香油、熟猪油各适量

-制 作——

1. 酵面放入容器内，加入温水、面粉和成面团Ⓐ，略饧，再加入白糖、食用碱揉匀Ⓑ，搓成长条，用抻面的方法抻至松散成面丝，放在案板上。
2. 熟猪油和香油放在一起和匀，涂抹在面丝上，切成小段；将抻面剩下的面头揉好，揪成剂子，擀成椭圆形面皮，包入面丝段，卷好包严，饧10分钟。
3. 饼锅加热至180℃，下入银丝饼烙饼至熟透，出锅装盘即成。

原料

面粉300克/菊花5克/鸡蛋2个/红樱桃少许/蜂蜜、植物油各适量

制作

1. 菊花洗净，放入杯中，加入热水浸泡成菊花茶，晾凉；面粉加入鸡蛋、菊花茶水和匀成面团A，饧10分钟。
2. 将饧好的面团揉搓成长条，切成每个25克的小面剂B，擀成圆形面皮，每个面皮先切成4小块扇形C。
3. 把4小块扇形面皮叠起来，切成细丝，用筷子夹起并从中间按下成菊花酥生坯D。
4. 锅置火上，加入植物油烧热，放入菊花酥生坯炸至熟脆E，捞出沥油。
5. 把菊花酥摆放入盘中，中间用红樱桃点缀，再淋上蜂蜜即可。

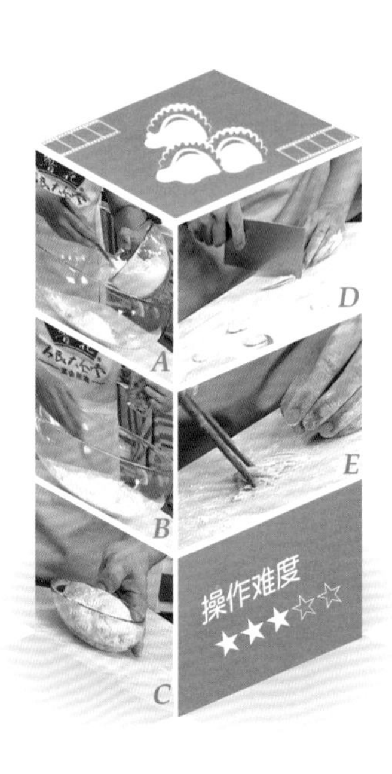

双色菊花酥

口味：香甜味

-原 料——

中筋面粉500克／猪肉末200克／水发粉丝100克／精盐1小匙／味精1/2小匙／料酒2小匙／香油适量

-制 作——

1. 中筋面粉加上少许精盐、温水和成面团、揉匀Ⓐ，饧25分钟；水发粉丝切碎，放入猪肉末内，加入精盐、味精、料酒和香油调匀成馅料Ⓑ。

2. 面团揪成剂子，擀成片，放入馅料抹匀，从外向里卷成卷，两头折向中间，按紧翻过来，按扁成饼坯。

3. 饼坯放入平底锅内，刷上香油，用小火烙至底面呈黄色，翻过来刷上香油，继续煎烙至熟即成。

-原 料——

糯米粉500克／熟玉米粒、红枣泥各250克／澄面100克／面粉50克／朱古力彩针少许／白糖150克／熟猪油100克

-制 作——

1. 糯米粉、澄面放入盆内，加入白糖、熟猪油、清水拌匀，揉透成面团Ⓐ，稍饧10分钟。

2. 把面团搓成长条状，每15克下1个面剂Ⓑ，压扁后包入红枣馅，搓圆成金豆糕生坯。

3. 金豆糕生坯稍饧10分钟，放入蒸锅内，用旺火蒸8分钟至熟Ⓒ，取出，趁热滚粘上朱古力彩针、熟玉米粒，装盘上桌即可。

索引

☆春季 Spring☆

分类原则

春季养生应以补肝为主，而且要以平补为原则，不能一味使用温补品，以免春季气温上升，加重身体内热，损伤人体正气。春季饮食宜选用较清淡，温和且扶助正气补益元气的食物。如偏于气虚的，可多选用一些健脾益气的食物，如红薯、山药、鸡蛋、鸡肉、鹌鹑肉等。偏于阴气不足的，可选一些益气养阴的食物，如胡萝卜、豆芽、豆腐、莲藕、百合等。

适宜菜肴

☆夏季 Summer☆

分类原则

夏季是天阳下济、地热上蒸，万物生长，自然界到处都呈现出茂盛华秀的景象。夏季也是人体新陈代谢量旺盛的时期，阳气外发，伏阴于内，气机宣畅，通泄自如，精神饱满，情绪外向，使“人与天地相应”。夏季饮食养生应坚持四项基本原则，即饮食应以清淡为主，保证充足的维生素和水，保证充足的碳水化合物及适量补充优质的蛋白质，如鱼肉、瘦肉、禽蛋、奶类和豆类等营养物质。

适宜菜肴

分类原则

秋季阴气渐渐增长，气候由热转寒，此时万物成熟，果实累累，正是收获的季节。人体的生理活动也要适应自然环境的变化。秋季以润燥滋阴为主，其中养阴是关键。秋季易出现体重减轻、倦怠无力、讷呆等气阴两虚的症状，人体会发生一些“秋燥”的反应，如口干舌燥等秋燥易伤津液等，因此秋季饮食应多食核桃、银耳、百合、糯米、蜂蜜、豆浆、梨、甘庶、乌鸡、莲藕、萝卜、番茄等食物。

适宜菜肴

☆冬季 Winter☆

分类原则

冬季是一年中气候最寒冷的时节，也是一年中最适合饮食调理与进补的时期。冬季进补能提高人体的免疫功能，促进新陈代谢，还能调节体内的物质代谢，有助于体内阳气的升发，为来年的身体健康打好基础。冬季饮食调理应顺应自然，注意养阳，以滋补为主，在膳食中应多吃温性，热性特别是温补肾阳的食物进行调理。以提高机体的耐寒能力。

适宜菜肴

索引一

☆ 少年 Adolescent ☆

分类原则

少年是儿童进入成年的过渡期，此阶段少年体格发育速度加快，身高、体重突发性增长是其重要特征。此外少年还要承担学习任务和适度体育锻炼，故充足营养是体格及性征迅速生长发育、增强体魄、获得知识的物质基础。少年的饮食要注意平衡，鼓励多吃谷类，以供给充足能量；保证鱼、禽、肉、蛋、奶、豆类和蔬菜供给，满足少年对蛋白质、钙、铁和维生素的需求。

适宜菜肴

☆ 女性 Female ☆

分类原则

女性有着与男性不同的营养需要。女性可能需要很少的热量和脂肪，少量的优质蛋白质，同量或多一些的其它微量元素等。很多女性由于工作节奏快或者学习压力大，常常无暇顾及饮食营养和健康，有时候常吃快餐或方便食品，因而造成营养不平衡，时间长了必然会影响身体健康。女性饮食包括适量的蛋白质和蔬菜，一些谷物和相当少量的水果和甜食。此外大量的矿物质尤为适应女性。

适宜菜肴

分类原则

男性如果对自身营养关注不够，很容易发生因营养失衡而引起的一系列生活方式疾病。因此，关注男性营养，养成健康的饮食习惯，对于保护和促进其健康水平，保持旺盛的工作能力极为重要。男性在营养平衡的基础上，其基本膳食准则为节制饮食、规律饮食和加强运动。一般男性应该控制热能摄入，保持适宜蛋白质、脂肪、碳水化合物供能比，并增加膳食中钙、镁、锌摄入，以利于身体健康。

适宜菜肴

☆老年 Elderly ☆

分类原则

老年期对各种营养素有了特殊的需要，但营养平衡仍是老年人饮食营养的关键。老年营养平衡总的原则是应该热能不高；蛋白质质量高，数量充足；动物脂肪、糖类少；维生素和矿物质充足。所以据此可归纳为三低（低脂肪、低热能、低糖）、一高（高蛋白）、两充足（充足的维生素和矿物质），还要有适量的食物纤维素，这样才能维持机体的营养平衡。

适宜菜肴

图书在版编目（C I P）数据

一看就会人气菜 / 生活食尚编委会编. -- 长春 : 吉林科学技术出版社, 2014.8
ISBN 978-7-5384-8075-7

Ⅰ. ①一… Ⅱ. ①生… Ⅲ. ①菜谱 Ⅳ. ①TS972.12

中国版本图书馆CIP数据核字(2014)第195124号

一看就会人气菜

YIKAN JIUHUI RENQICAI

编　生活食尚编委会
出 版 人　李　梁
策划责任编辑　张恩来
执行责任编辑　赵　渤
封面设计　长春创意广告图文制作有限责任公司
制　　版　长春创意广告图文制作有限责任公司
开　　本　720mm×1000mm　1/16
字　　数　250千字
印　　张　12
印　　数　1-12 000册
版　　次　2014年9月第1版
印　　次　2014年9月第1次印刷
出　　版　吉林科学技术出版社
发　　行　吉林科学技术出版社
地　　址　长春市人民大街4646号
邮　　编　130021
发行部电话/传真　0431-85677817　85635177　85651759
85651628　85600611　85670016
储运部电话　0431-86059116
编辑部电话　0431-85635186
网　　址　www.jlstp.net
印　　刷　沈阳天择彩色广告印刷股份有限公司
书　　号　ISBN 978-7-5384-8075-7
定　　价　26.80元
如有印装质量问题可寄出版社调换